LUMINAIRE

光启

守望思想　逐光启航

伴侣物种宣言

The Companion Species
Manifesto:

Dogs, People, and Significant Otherness

〔美〕唐娜·哈拉维 著

陈荣钢 译

上海人民出版社　　光启书局
LUMINAIRE BOOKS

编者序

这套丛书所收录的作品涉及非常广泛的内容：从近代西方的机械主义传统到欧洲的猎巫史，从植物的性别研究到资本主义原始积累，从少数群体的暴力反抗史到西伯利亚地区的泛灵论，从家务劳动到陪伴我们的物种……这些议题之间，有什么共同之处？它们在什么意义上能构成一个整体？

事实上，对于大部分的单册，我们都可以提出"统一性"或"整体性"的问题。尽管它们都是"学者"之作，但习惯于"学术分类"的读者，第一感觉很可能是不着四六。隆达·施宾格（Londa Schiebinger）的《自然的身体》涉及 17—18 世纪欧洲的分类学研究与厌女思想之间的关系；在唐娜·哈拉维（Donna Haraway）的《伴侣物种宣言》中，我们会看到"狗与人类的共生史"与"全球战争"这样的问题被同时提出；在娜斯塔西娅·马丁（Nastassja Martin）的《从熊口归来》中，作者被熊袭击的自述与她的田野日志交织在一起……不仅每一部作品都涉及通常在"学科"内部不会去混搭的问题，而且学科归类本身对于绝大部分的作品来说都是无效的。在西尔维娅·费代里奇（Silvia Federici）的作品中，我们可以看到作者在严谨的哲学分析、耐心的史学调查，以及尖锐的政治经济批判之间切换自如；埃尔莎·多兰（Elsa Dorlin）对于暴力史的重构，同时是对于经典与当代政治学的解构；而在阅读凡希雅娜·德普莱（Vinciane Despret）对于动物行为学的方法论分析的过程中，读者所获得的最大乐趣很可能在于与意识形态批判和伦理学探讨的不期而遇。

看起来，唯一可以为这些作品贴上的标签，似乎只能是不按常理出牌的"先锋"或"激进"思想。或者，我们借此丛书想要进行的尝试，是令"学术大众化"，令之更"吸睛"？——是也不是。

让我们回到对学术作品有所涉猎的读者可能会有的那种"不着四六"的最初印象。这种不适感本身，是我们所处世界的一种典型症候。这是一个价值极度单一的世界。效率与效益是它衡量一切的尺度。人与物、人与事都以前所未有的方式被标准化，以特定的方式被安插到一个越来越精密、越来越无所不包的网络中。文化产品像所有的产品一样，思想生产者像所有的生产者一样，被期待以边界清晰的方式贴有标签。

关于这样的世界，学者们诟病已久。无论是"生命政治""全球资本主义"，还是"人类纪"这些术语，都从不同的角度将矛头指向一套对包括并首先包括人在内的一切进行工具化、标准化与量化，以求获得最大效益的逻辑。这些"现代性批判""意识形态批判"或者说"批判理论"纷纷指出，这种对于"不可测""不可计量""不可分门别类"，因而"不可控""不可开发／压榨"（exploit）的东西的敌意与零容忍，是在行挂羊头卖狗肉之事：以"发展""进步""文明"之名，实际上恶化着我们的生活。

尤其是其中的一种观点认为，这样的"现代社会"并没有也不可能履行现代性的承诺——更"自由"、更"平等"、更有"尊严"，反而在它的成员之间不断加剧着包括经济上的剥夺—剥削与政治上的统治—服从在内的不公正关系。"学院"里的人将此称作"正义理论"。当卢梭的《论人与人之间不平等的起因和基础》以如下论断作为全篇的结论——当一小撮人对于奢侈品贪得无厌，大部分人却无法满足最基本的需要时，他一定不曾预见到，这番对于当时处于革命与民族国家诞生前夕的欧洲社会现状的控诉，居然在现代化进程声称要将它变成历史并为之努力了近300年之后，仍然如此贴切地描绘着现代人的境遇。

如果说这应该是今天"正义理论"的起点，那么包括本丛书编者在内的，在学院中从事着"正义理论"研究的学者，都多多少少会受困于一种两难：一方面，像所有的领域一样，"学术"或者说"思想"也是可以并正在以空前的方式被标准化、专门化、量化、产业化。我们的网，由各种"经典"与"前沿"、"范式"与"路径"、"史"与"方法"所编织，被"理性""科学"这样的滤网净化，那种为了更高的效率而对于一切进行监控与评估的逻辑，并不因为我们自诩接过了柏拉图或孔夫子的衣钵，自以为在追问什么是"好的／正当的生活"这一古老的问题，而对我们网开一面。这个逻辑规定着什么样的言论是"严肃"的、"严谨"的、"专业"的，也即配得上"思想"之美名的。而另一方面，"正义理论"中最常见的那种哲学王或者说圣贤视角，在企图拿着事先被定义好的、往往内涵单一的"公正"或"正确"去规定与规划一个理想的社会时，在追求"正统""绝对"与"普世"的路上，恰恰与上述

"零容忍"的逻辑殊途同归。所幸的是，哲学王与圣贤们的规划大多像尼采笔下那个宣布"上帝死了"的疯子一样没有人理睬，否则，践行其理论，规定什么样的"主体"有资格参与对于公正原则的制定，什么样的少数／弱势群体应该获得何种程度的补偿或保护，什么样的需求是"基本"的，等等，其结果很可能只是用另一种反正义来回应现有的不正义。

对于困在"专业"或"正统"中的我们而言，读到本丛书中的每一部作品，都可以说是久旱逢甘露。"现代性"的不公正结果是它们共同关心的问题，但它们皆已走出上述两条死路。它们看起来的"没有章法"并非任意为之的结果，而恰恰相反，是出于一种立场上的高度自觉：对于居高临下的圣贤视角，以及对于分门别类说专业话的双重警惕。

本丛书名中的"差异"，指的是这一立场。在"法国理论"与"后现代主义"中成为关键词的"差异"，并不简单地指向与"同一"相对立的"另类"或"他者"，而是对于"同一""边界"乃至于"对立"本身的解构，也即对于任何计量、赋值、固化与控制的解构。"差异"也是本丛书拒绝"多元"或"跨学科"这一类标签的方式——它们仍然预设着单一领域或独立学科的先在，而我们的作者们所抵制的，正是它们虚假的独立性。

作为解构的差异，代表着西方正义理论半个世纪以来发生的重大变化：它不再将统一的"规划"视作思考正义的最佳方式。"解构"工作中最重要的一项，可能也是我们所收录作品的最大的共同点，在于揭示上文所提到的那种受困惑的原因。为何包括学者或者说思想家在内的现代人，越是追求"自由""平等"这样的价值，就似乎越是走向"统治"与"阶序"这样的反面？这一悖论被收录于本丛书的埃尔莎·多兰的《自卫》表述为：我们越是想要自卫，就越是失去自卫的能力与资格。（当然，正在阅读这些文字的读者以及我们这些做书之人，很有可能因为实际上以这样或那样的方式处于优势并占据主导，而应该反过来问：为什么我们越是不想要施加伤害、造成不幸，就越是会施加伤害、造成不幸？）

借用奥黛丽·洛德（Audre Lorde）的话来说，这一悖论的实质在于我们企图"用主人的工具掀翻主人的房子"，到头来很可能又是在为主人的房子添砖加瓦。差异性解构的最重要工作，是对于这些工具本身的解剖。它们不仅仅包括比较显而易见的价值观或意识形态，而且尤其包括作为其基质的一系列认识方式。彼此同构，因而能够相互正名的认知模式，价值认同模式与行动模式一起构成了布迪厄所称的"惯习"（habitus），它同时被社会现实所塑造又生成着社会现实。因此，对于这三种模式，尤其是看似与社会关系无关的认知模式的考量，才能最彻底地还原出主人工具的使用说明书。

就此而言，我们所收录的作品确实可以被称作"激进"的。但这种激进不在于喊一些企图一呼百应的口号，而在于重新揭示出现代"学术"与"思想"所分割开的不同领域（科学与伦理、历史叙事与政治建构）之间的"勾搭"：现代科学所建立的一整套"世界观"直接为现有的社会秩序（包括不同地域、性别、阶层的人之间，乃至于人与非人、人与环境之间的规范性关系）提供正当性保证。这是因为"科学研究"总是以一定的范式，也即福柯所谓的"知识型"展开，而这又使得科学家的科学研究实际上常常是"正常"／"正当"的社会关系在"自然"对象上的投射过程。将"中立"的科学与总是有立场的政治分开就是主人工具中最主要的一个，而重现发掘它们的默契，是我们的作者最主要的"反工具"。以唐娜·哈拉维为代表的越来越多的学者通过对于科学史的考量指出，被预设的人类特征成为"探索"不同物种的尺度（动物是否有意识，动物群体是不是雄性主导，等等），而这样的"研究成果"又反过来证明人类具有哪些"先天本性"。这样的循环论证无非有的放矢地讲故事，这些故事的"道理"（the moral of the history）无不在于现有的秩序是合理的——既然它有着生物学和演化论的依据。本丛书所收录的隆达·施宾格与凡希雅娜·德普莱的作品是这种"反工具"的代表作，读者能由此透过"科学"自然观与物种史的表象，窥见植物学与动物行为学研究是如何成为现代意识形态与权力关系的投幕的。当科学家们讲述植物的"受精"、物种的"竞争"时，他们是在以隐喻的方式复述着我们关于两性关系乃至人性本身的信仰。这种相互印证成为同一种秩序不断自我巩固的过程。机械的自然、自私的基因、适者生存的规律，都成为这一秩序的奠基神话。

通过丰富的例证，我们的作者提醒我们，在现代化进程中扮演着"启蒙"角色的"中立"与"客观"的"认识"，及其所达到的"普世真理"，其实质很可能并不是"认识"，而是故事或者说叙事模式，它们与现代人所想要建立的秩序同构，令这种秩序看上去不仅正当，而且势在必行。回到本文的开头，机械主义自然观、两性分工、实验室中的动物行为学、资本主义"原始"积累……这些议题之间有什么内在联系？其内在联系在于，它们都是一部被奉为无二真相的"正史"的构成要素。再回到全观视角之下的"正义理论"，它为什么很可能是反正义的？因为它恰恰建立在这种被粉饰为真理的统一叙事之上——对于人类史的叙述，乃至对于自然史的叙述。其排他性与规范性所带来的后果是与正义背道而驰的各种中心主义（"男性"中心主义、"西方"中心主义、"人类"中心主义……）。

既然如此，那么当务之急，或者说最有力的"差异化"/"反工具"工作，是"去中心主义"，也即讲述多样的，不落入任何单一规律的，不见得有始有终，有着"happy end"的故事。费代里奇曾转述一位拉丁美洲解放运动中的女性的话："你们的进步史，在我们看来是剥削史。"凡希雅娜·德普莱不仅揭示出以演化心理学为代表的生物还原论的自欺欺人之处，而且通过将传统叙事中的"竞争""淘汰"与"统治"预设替换为"共生"预设，给出了关于动物行为的全然不同，但具有同等说服力的叙述模式。

在尝试不同叙事的同时，我们的作者都在探索其他共处模式的可能性，本丛书名中的"共生"，指的是他们所作出的这第二种重要的努力，它也代表着正义理论近几十年来的另一个重要转向。"共生"亦代表着一种立场：寻找"社会"之外的其他交往与相处模式。近代契约论以来的"社会"建立在个体边界清晰，责任义务分明，一切都明码标价，能够被商议、交换与消耗的逻辑之上，也就是本文开头所称的，对于任何差异都"零容忍"的逻辑之上。这是现代人构想任何"关系"的模板。然而，"零容忍"很显然地更适用于分类与排序、控制与开发，而并不利于我们将彼此视作生命体来尊重、关怀、滋养与照料。

如果说，如大卫·格雷伯所言，资本主义最大的胜利在于大家关于共同生活模式的想象力匮乏，那么对于不同的共生模式的发现与叙述是本丛书的另一种"激进"方式。娜斯塔西娅·马丁笔下的原住民不再是人类学家研究与定性的"对象"，而是在她经历了创伤性事件之后渴望回归时，能帮助她抵抗现代社会所带来的二次伤害的家。"身份"在这里变成虚假而无用的窠臼。凡希雅娜·德普莱将"intéressant"（有意思的，令人感兴趣的）这一如此常用的词语变成她分析问题的一个关键抓手。当她将传统的"真""假"问题转换成"有意思""没意思"的问题，当她问"什么样的实验是动物自己会觉得有意思的？""什么样的问题是动物会乐意回答的？""什么是对于每个生命体来说有意义的？"时，人与人、人与非人、来自不同物种的个体之间，总而言之，不同的生命体之间，豁然呈现出崭新的互动与应答方式。这一次，是"本质"这个对于科学如此重要的概念变成了认识的障碍。费代里奇近年来提出的"politics of the commons"则不仅仅是在强调无剥削无迫害的政治，更是在将快乐—令人快乐（joyful）这种不可量化也没有边界的情感，变成新的共生模式的要素。因为共生，首先意味着共情。

因此，我们的作者在激进的同时是具有亲和力与感染力的。读者一定会对于这些看似"学术"的作品的可读性表示惊喜。凡希雅娜·德普莱的文字是俏皮而略带嘲讽的，费代里奇的文字是犀利但又充满温度的，没有人会不为娜斯塔西娅·马丁不带滤镜的第一人称所动，这样的作品令绝大多数学术作品黯然失色。然而"可读性"并不是编者刻意为之的择书标准，毋宁说，它就是我们的作者的"共生"立场。从古代走来的"正义理论"最重要的转型正在于：有越来越多的"理论家"不再相信理论与实践之间的界限，更不再相信建立正义是一个教与学的过程。思想、写作、叙事对于他们而言都已经是行动，而分享故事，是共同行动的开端。这也是为什么他们并不吝啬于让读者看到自己的困惑与试探。思想是有生命的，在他们的笔下，这种生命不被任何追求定论的刻板要求，不被任何"我有一套高明的想法，你们听着"的布道使命感所遏制。对于他们而言，思想展开的过程，与它的内容一样应该被看到。这样的思想可能是不"工整"的，可能不是最雄辩的，可能不是最便于被"拿来"的，但一定是最能够撼动读者，令读者的思想也开始蠢蠢欲动、开始孕育新生的。面对这样的作品，阅读如此轻易地就能从"文化消费"中解脱出来，而变成回应、探讨、共同推进一些设想的过程。公正的思想不仅仅是思考"公正"的思想，而是将公正的问题，将"好的生活"的问题交到所有人手中的思想。

没有什么思想是无中生有的。"非原创"才是思想的实质。本丛书所收录的作品，也都"站在巨人的肩膀上"。作为解构的"差异化"工作始于20世纪六七十年代，揭示科学与政治貌离神合的关系的，中文读者已能如数家珍地举出福柯、拉图尔等"名家"。在我们的作者中，也有着明显的亲缘关系，例如从哈拉维到凡希雅娜·德普莱。而"共生"作为对于有别于"社会"的共同体模式的构想，也有其历史。女性主义中"sisterhood"的提法，以及格雷伯从经济人类学的角度所提出的"baseline communism"，都是关于它的代表性表述。可惜的是，巨人之上已经蔚为大观的这些"新正义理论"，在汉语世界中仍然无法进入大家的视野，仍然被排挤于各种"主流"或"正统"的思想启蒙之外。这些作品中有一些是一鸣惊人的，另一些早已广为流传并不断被译介。本丛书的三位编者，尹洁、张寅以及我自己，每接触一本，就感慨于如果在求学、研习与教学的路上早一点读到它，可以少走很多企图"用主人的工具掀翻主人的房子"的弯路。在引介思想的过程中摘掉一些有色眼镜，少走一些弯路，将对于共生的想象力种植到读者心中，这是创立本丛书的最大初衷。

谢 晶

2023 年 5 月于上海

目 录

涌现性的自然文化

摘自《一位体育作家女儿的笔记》（*Notes of a Sports Writer's Daughter*）：[1]

"小辣椒小姐"（Ms. Cayenne Pepper）不断占领着我的每一个细胞——这无疑是生物学家林恩·马古利斯（Lynn Margulis）提到的共生关系（symbiogenesis）的绝佳例证。[2]我敢打赌，如果你仔细检查我们的 DNA，肯定能找到我们之间的一些强有力的转染（transfection）。她的唾液肯定包含了病毒载体。当然了，她那舌头快速伸缩的吻是无法抗拒的。尽管我们

---

[1] 唐娜·哈拉维的父亲弗兰克·哈拉维（Frank O. Haraway, 1916—2005）曾经是《丹佛邮报》（*The Denver Post*）的体育记者。——译者注（本书注释均为译者注）

[2] "小辣椒"是唐娜·哈拉维的一条狗的名字，其品种是澳大利亚牧羊犬。

都是脊椎动物，但我们不仅来自不同的科和属，而且生活在完全不同的动物纲中。

应该如何界定我们之间的关系呢？犬科动物和人科动物；宠物和教授；母狗和女人；动物和人类；运动员和驯兽师。我们中的一方在脖子上植入了一枚微型芯片，以便识别身份；另一方持有一张带照片的加利福尼亚州驾照。我们一方有着她祖先20代的文字记录；另一方不知道她曾祖父母的名字。我们中的一方是大量基因混合的产物，却被称为"纯种"（purebred）；另一方也是大量混合基因的产物，却被称为"白人"（white）。这些名称都标注了一种种族的话语（a racial discourse），而我们都在肉体上承袭了它们的后果。

我们一方正处于青春洋溢、充满活力、身体状态达到巅峰的时期；另一方虽然精力充沛，但已过了最佳年华。我们在原住民被剥夺的土地上进行一种叫作"犬类敏捷训练"的团队运动，而这片土地也正是"小辣椒"的祖先们曾经牧美利奴羊的地方。这些羊从当时已经被殖民化的澳大利亚牧业进口而来，用来供养"加州淘金热"（California Gold Rush）巅峰期的淘金者们。[①] 在这个历史、生物、自然文化等层面的交汇处，复杂性（complexity）成了我们游戏的名字。我们都是那些对自由有着无尽渴望的征服者的后代，都是白人殖民地的产物，在比赛场上跳跃障碍，穿越隧道。

我相信我们的基因图谱比它们该有的更加相似。我们的接触一定在生命的编码中有一些分子记录，会在这个世界上留下痕迹，尽管我们两个都是不能生育的雌性，一个因为年龄，一个因为手术。她这只棕斑（red merle）澳大利亚牧羊犬迅捷而柔韧的舌头已经舔过我的扁桃体组织，以及这些组织上的所有急渴的免疫系统受体。[②] 谁知道我的化学受体将她的信息传递到了哪里，谁又知道她从我的细胞系统中获取了什么信息，用以区分自我与他者，并将外部与内部联系在一起？

我们进行过禁忌的交谈；我们有过口唇接触；我们通过讲述一个又一个只基于事实的故事而紧密联系

---

① "加州淘金热"的巅峰期指的是1849年，因此被称作"加州淘金热49人"（The California Gold Rush 49ers），整个原住民社会都受到淘金者的强烈影响。
② "棕斑"（red merle）是指一种澳大利亚牧羊犬的颜色类型。"merle"是一种遗传基因，会使狗的皮肤和毛发颜色出现斑驳的图案，包括颜色深浅不一的斑点和斑块。棕斑是其中一种，通常指淡棕色或橙色的底色上带有深棕色斑点或斑块，这种颜色在澳大利亚牧羊犬中很常见。

在一起。我们用自己都几乎不懂的沟通方式训练彼此。我们从构成上讲是伴侣物种（companion species）。我们在肉体上相互塑造着对方。彼此之间有着显著的他性，在具体/物种（specific）的差异中，我们在肉体上彰显着一种称为"爱"的强烈且发展中的感染。这种爱是一种历史偏差（an historical aberration），是一种自然文化的遗产。

这份宣言探讨两个源于这种偏差和遗产的问题。其一，通过认真对待狗与人的关系，伦理学和政治学如何致力于意义重大的他性（significant otherness）的繁荣？[①]其二，狗与人的世界的故事如何才能最终说服"脑残"的美国人——也许还有那些较少受到历史挑战的人，历史在自然文化（natureculture）中很重要？

《伴侣物种宣言》是一份个人档案，它是对太多半知半解领域的学术冒险，也是在战事一触即发的全球态势中

---

① "意义重大的他性"是哈拉维的重要术语，在本书中反复出现，也可译作"重要的他性"。粗略地说，这个术语被用来描述那些通常被视为外部的、与我们不同的实体，也被用来描述与这些实体的关系。人与这些实体（比如动物）之间不仅是一种工具性关系，而是一种相互影响、相互构成的共生关系。

的一种充满希望的政治行为，同时它是一项原则上永无止境的工作。我带来了一些被狗"糟蹋过"的道具和一些训练到一半的论证，目的是重塑一些我极其关心的故事，无论是作为一名学者，还是作为此时此地的我这个个体。这里的故事主要与狗有关。我全情投入这些故事，希望能把我的读者带入生命的犬舍中。① 但我也希望，那些恐狗者（the dog phobic），或者只是心怀高远的人，也能找到对我们尚且生活其中的世界至关重要的论述和故事。在狗的世界里，人类与非人类的实践和行动者都应该成为技术科学研究（technoscience studies）的核心关注点。更加贴近我心的是，我想让我的读者理解，为什么我认为狗的写作可以被视为女权主义理论的一部分，反之亦然。

这不是我的第一份宣言。1985 年，我发表了《赛博格宣言》（*The Cyborg Manifesto*），试图让女权主义了解当代生活中技术科学的内爆（implosions）。赛博格是"控制论的生物体"（cybernetic organisms），1960 年在太空竞赛、"冷战"和帝国主义的技术人文主义幻想的背景下被纳入政策和研究项目。我试图批判性地栖居在赛博格中——也就

---

① 犬舍（kennel），或译作"狗舍""狗繁殖场"等，是专门为某一种或多种犬种进行繁殖和养殖的地方。

是说，既不欢呼，也不谴责，而是本着一种讽刺精神挪用这个词，以期达到从未被太空战士们预见的目标。这份宣言讲述了一个共存、共同进化和具身的（embodied）跨物种社会性的故事，并且发问，两种拼凑而成的形象——赛博格和伴侣物种，哪一种能更能为当前生活世界中的宜居政治（livable politics）和本体论（ontologies）提供形式。这些形象并非极端对立。赛博格和伴侣物种都将人类与非人类、有机与技术、碳与硅、自由与结构、历史与神话、富裕与贫穷、国家与主体、多样性与耗竭、现代性与后现代性，以及自然与文化以出人意料的方式结合在一起。此外，无论是赛博格还是伴侣物种，都无法取悦"内心纯洁"的人，因为他们渴望更好地保护物种边界并使分类偏差者绝育。尽管如此，即使是政治上最正确的赛博格和普通狗之间的差异也很重要。

在20世纪80年代中期里根（Reagan）的"星球大战"时代，我挪用赛博格来做女权主义工作。到了千禧年末，赛博格已经不再适合做牧羊犬的工作以收集批判性探究所需的线索了。我欣然投入到狗的世界，探索犬舍的起源，以协助在当前这个时代，为科学论（science studies）和女权主义理论创造工具。在当前这个时代，在地球上所有水基生命的碳预算政治中，小布什们威胁着要取缔过去那些更宜居的自然文化的生长。我已经佩戴着"为了地球的生存而成为赛博格！"的标志足够久了，现在，我给自己贴上一句只有犬类运动中德国护卫犬（*Schutzhund*）的女训练师才能想出的口号，即使是第一次啃咬也可能带来致命的结果："快跑，使劲咬！"

这是一个有关生命权力（biopower）和生物社会性（biosociality）的故事，也是一个技术科学的故事。像任何忠实的达尔文主义者一样，我讲述了一个进化的故事。在（核）酸千禧年主义（[nucleic] acidic millennialism）的模式下，我讲述了一个分子差异的故事，但这个故事的根源不在于新殖民主义的《走出非洲》（*Out of Africa*）的"线粒体夏娃"（Mitochondrial Eve），而是那些最早的线粒体母狗，它们妨碍了男人在"史上最伟大的故事"（Greatest Story Ever Told）① 中再次创造自己。相反，这些母狗坚持要讲伴侣物种的历史，一个非常平凡但仍在持续的故事，一个充满误解、成就、犯罪和可再生希望的故事。我的故事出自一个学科学的学生，出自一个真正"与狗为伍"的

① 暗指 1965 年美国电影《万世流芳》（*Greatest Story Ever Told*），影片讲述了耶稣的生平。

那一代女权主义者。在这里，具有历史复杂性的狗十分重要。狗不是用来烘托其他主题的。在技术科学的整体中，狗是有血有肉的、物质—符号的（material semiotic）存在。狗不是理论的代名词。它们在这里不仅仅是思维的工具。它们在这里是为了与之生活。作为人类进化罪行中的同伙，它们从一开始就在伊甸园中，狡猾如郊狼。

摄 受

　　在这份宣言中，许多不同的过程哲学（process philosophies）帮助我与我的狗结伴而行。例如，阿尔弗雷德·诺思·怀特海（Alfred North Whitehead）将"具体"（the concrete）描述为"诸摄受的合生"（a concrescence of prehensions）。对他来说，"具体"意味着"实际际遇"（actual occasion）。[①] 现实是一个主动的动词，而所有名词似乎都是比章鱼腕足还多的动名词。众生通过相互接触，通过"摄受"或把握，构成了彼此和自身。存在者并不在它们发生关系（relatings）之前就已经存在。"摄受"会产

---

① "摄受"是怀特海过程哲学的核心概念之一，它描述的是实体之间的基本关系。"摄受"指一个实体如何理解、感知和把握另一个实体，关乎主体的性质与存在。怀特海认为，实体不是孤立的，而是通过摄受相互影响，所以实体是过程性的和关系性的。在此，"诸摄受的合生"指的是多个摄受的相互作用和整合，形成一个具体、实际的存在或事件。

生结果。世界是一个运动的结（knot）。生物决定论和文化决定论都犯了错置的具体性（misplaced concreteness）的毛病——一方面，将"自然"和"文化"这类临时性的局部范畴抽象误认为整个世界；另一方面，将强有力的结果当作预先存在的基础。没有预先构成的主体和客体，也没有单一的来源、统一的行动者或最终目的。用朱迪斯·巴特勒（Judith Butler）的话来说，只存在"偶然的基础"（contingent foundations），有意义的物体 / 身体便是其结果。万兽图鉴一般的行动能力、各种关系和总谱一般的时间甚至超越了最巴洛克式的宇宙学家的想象。对我来说，这就是伴侣物种的意义。

我对怀特海的热爱源于生物学，但更源于我经历的女权主义理论实践。这种女权主义理论拒绝类型学思维、二元对立、多种气质的相对主义和普世主义，在涌现、过程、历史性、差异性、特殊性、共生、共构和偶然性等方面贡献了一系列丰富的方法。数十位女权主义作家同时拒绝相对主义和普遍主义。主体、客体、种类、种族、种、属和性别都是它们关系的产物。这些工作都不是为了寻找甜蜜美好的"女性化"（feminine）的世界和知识，摆脱权力的蹂躏和生产力。相反，女权主义的研究是为了了解事情如何运作，谁在行动，什么是可能的，以及世界上的行动者如何才能以不那么暴力的方式对彼此负责并相爱。

例如，在研究尼日利亚独立后的约鲁巴语（Yoruba）和英语小学数学课堂以及参与澳大利亚原住民数学教学和环境政策项目的过程中，海伦·韦兰（Helen Verran）指认了"涌现的本体论"（emergent ontologies）。韦兰提出了一些"简单"的问题——根植于不同知识实践中的人们如何才能"和睦相处"（getting on together），尤其是在政治、认识论或道德上都不能选择过于简单的文化相对主义的情况下？在十分重视差异的后殖民世界中，如何培育一般性知识（general knowledge）？这些问题的答案只能在涌现的实践中找到，也就是在敏感的实地工作中找到，这些工作将不和谐的行动者和生活方式拼凑在一起，既要对它们继承的迥然不同的历史负责，又要对它们几乎不可能但绝对必要的共同未来负责。对我来说，这就是意义重大的他性的含义。

在研究圣地亚哥的辅助生殖实践和肯尼亚的环保科学与政治时，卡里斯·汤普森（Charis [Cussins] Thompson）提出了"本体论编舞"（ontological choreographies）这一术语。编排"存在之舞"（the dance of being）不仅仅是一个隐喻。人类和非人类的身体在这个过程中被拆散又拼凑在一起，这使得自我确定性（self-certainty）和人文主义或有机主义意识形态无法指导伦理和政治，更无法指导个人经验。

最后，经过数十年对巴布亚新几内亚的历史和政治的研究，以及对英格兰亲缘关系习惯的研究，玛丽莲·斯特拉森（Marilyn Strathern）告诉我们，将"自然"和"文化"不管视为对立的两极还是普遍的范畴都是愚蠢的。作为一名关系范畴的民族志学者，她向我们展示了如何从其他拓扑学的角度进行思考。与其说是对立面，不如说是现代几何学家的激昂大脑中的完整画板，我们可以用它来描绘关系性（relationality）。斯特拉森从"片面联系"（partial connection）的角度来思考问题，也就是说，在这种模式中，参与者既不是整体，也不是部分。我把这些称为意义重大的他性关系。我认为斯特拉森是一位自然文化的民族志学者，她不会介意我邀请她进入犬舍进行跨物种对话。

对于女权主义理论家来说，关键正在于世界上有谁和有什么。这是一个非常有前景的哲学导引，可以训练我们所有人从故事中的深层时间和近期行为两方面理解伴侣物种，深层时间是每个细胞 DNA 的化学刻痕，近期行为则留下了更多的气味痕迹。用老派的术语来说，《伴侣物种宣言》是一份亲缘关系的声明，它由许多实际际遇的摄受合生而促成。伴侣物种建立在"偶然的基础"上。

而且，就像一个颓废的园丁无法清晰地区分直截了当的自然与文化一样，我的亲缘网络的形状看起来更像是一个花架或一条林荫道，而不是一棵树。你分不清上和下，一切似乎都是斜着的。这种蛇行一般斜着滑的流动是我探讨的主题之一。我的花园里满是蛇，满是花架，到处都是迂回曲折的道路。在进化群体生物学家和生物人类学家的教导下，我知道基因的多向流动——身体和价值的多向流动一直是地球上生命游戏的名字。这当然也是进入犬舍的途径。无论人类和狗还能告诉我们些什么，这些体型庞大、广泛分布在世界各地、生态适应性强、具有群居社会性的哺乳动物共同旅伴已经在它们的基因组中写入了耦合和感染交换的记录，足以让最坚定的自由贸易者感到不安。就算在现代纯种犬这一臆想的加拉帕戈斯群岛，基因旺盛流动的活力依旧不能被抑制——在那里，人们努力隔离和分割繁殖种群，减少它们的遗传多样性，这看起来像是在模仿种群瓶颈和流行病等自然灾难的模型实验。我被这种流动深深触动，并冒着疏远我的赛博格"二重身"（doppelganger）的风险，试图说服读者，在当前的第三个千年，狗可能是穿越技术生命政治丛林的更好向导。

伴 侣

在《赛博格宣言》中，我试图写下一个代孕协议，一个修辞，一个形象，以融入当代技术文化的技能和实践并向其致敬，同时不脱离后核世界强制性的永久战争机器及其虚妄的却非常物质化的超验谎言。赛博格可以是生活在矛盾中的形象，关注日常实践中的自然文化，反对自我孕育的可怕神话，将有朽性拥抱为生命的条件，提醒人们注意涌现的历史杂种性（historical hybridities），这些杂种性实际上充斥着世界的各个偶然的尺度。

然而，赛博格的各种重塑并没有穷尽技术科学中"本体论编舞"所需的修辞工作。我开始将赛博格视为伴侣物种这个大得多的"酷儿"家庭中的兄弟姐妹，在这个大家庭中，关于生殖的生物技术政治通常令人惊讶，有时甚至带给人惊喜。我知道，在哲学探究或自然文化民族志的史册上，一个美国中年白人女人带着一条狗从事敏捷运动，根本无法与自动化战士、恐怖分子及其转基因亲属相提并论。而且，（一）自我塑造不是我的任务；（二）转基因不是敌人；（三）西方世界有一种危险且不合伦理的投射，即将家犬视为"毛孩子"，但与之相反，狗并不以我们为中心。其实，这正是狗的魅力所在。它们不是投射，也不是意图的实现，更不是任何事情的目的。它们就是狗，是与人类有着义务性的、构成性的、历史性的、无常的关系的物种。这种关系并不特别美好，它充满了徒劳、残忍、冷漠、无知和损失，也充满了欢乐、发明、劳动、智慧和游戏。我想学习如何讲述这段共同的历史，如何在自然文化中传承共同进化的结果。

不可能只有一个伴侣物种，至少要有两个才能成立。它在句法中，它在肉体中。狗讲述的是一个无法回避的、充满矛盾关系的故事——在这种共同构成的关系中，没有一方会存在于关系之前，而且这种关系从来都不是一劳永逸的。历史的特殊性和偶然可变性从头到尾支配着自然和文化（nature and culture），支配着自然文化（naturecultures）。没有基础，不存在绝对的原点，一切都相互依赖、相互构成。①

伴侣动物只是伴侣物种中的一种，而且在美国英语中，这两个分类都不是很古老。在美国英语中，"伴侣动物"一词自 20 世纪 70 年代中期起出现在兽医学校和相关场所的医学和心理社会学工作中。这项研究告诉我们，除了少数不爱狗的纽约人对街上未清理的狗屎耿耿于怀之外，养狗可以降低人的血压，有助于人们平稳度过童年以及手术和离婚等危机。

当然，欧洲关于动物作为伴侣而不是工作犬或娱乐犬的记载，比美国的生物医学和技术科学文献要早几个世纪。此外，在中国、墨西哥和世界其他地方，古代和现代的文献、考古学和口头证据充分表明，狗不仅被当作宠物，它们还从事各种各样的工作。在早期的美洲，狗协助不同民族的人们运输、狩猎和放牧。对另一些人来说，狗是食物或毛皮的来源。喜欢狗的人往往忘记，狗也曾是欧洲征服美洲时致命的"制导武器"和恐怖的工具，在亚历山大大帝树立典范的

---

① 这句话的原文是"只有大象支撑着大象"（"There are only elephants supporting elephants all the way down."），来自古代神话学和宇宙观中的无限递归表达。许多神话学里都有"世界龟"的形象，一只龟驮着龟背，龟背即世界，但这只龟的背上还驮着一些更大的龟，依此类推。17 世纪和 18 世纪的学者认为，与"世界龟"神话对应的还有一个"世界象"神话，若干头大象叠在一起，无限延伸，它们环环相扣，却没有一个绝对的原点。

帝国征途中也是如此。在美国海军陆战队担任军官并参与越南战争的秋田犬饲养员和作家约翰·卡吉尔（John Cargill）提醒我们，在赛博格战争之前，训练有素的狗是最出色的智能武器系统之一。追踪猎犬曾经恐吓奴隶和囚犯，同时也曾拯救走失的儿童和地震的受害者。

列举这些功能并不能涵盖狗在世界各地的象征和故事中的不同历史，也不能说明狗如何被对待或如何看待它们的人类伙伴。马里昂·施瓦茨（Marion Schwartz）在《早期美洲的犬史》（*A History of Dogs in the Early Americas*）中写道，一些美洲土著猎犬和"它们的人"一样，也要经历类似的准备仪式，包括和南美洲阿丘亚尔人（Achuar）一样摄入致幻剂。在《与动物为伴》（*In the Company of Animals*）一书中，詹姆斯·瑟普尔（James Serpell）提到，对于19世纪大平原上的科曼奇人（Comanche）来说，马具有极大的实用价值。但马匹仅仅被视为有效用的工具，作为宠物饲养的狗却值得深情怀念，战士们会哀悼它们的死亡。古往今来，有些狗被视为害兽，有些狗则像人一样得到埋葬。当代的纳瓦霍（Navajo）[①] 牧羊犬以历史特定的方式与它们的土地、羊群、

---

① 纳瓦霍人是北美最大的印第安部落族群。

族人、郊狼以及陌生的狗或人建立关系。在世界各地的城市、村庄和农村地区，许多狗与人类共同生活，多多少少被容忍，有时被使用，有时受虐待。没有一个词汇能够充分表达这段历史。

然而，"伴侣动物"一词是通过美国"内战"后的"赠地"（land-grant）学术机构引入技术文化的，这些机构设有兽医学院。[1] 也就是说，"伴侣动物"是技术科学专业知识与工业化后期宠物饲养实践相结合的产物，民主大众爱上了他们的家庭伴侣，或者说，至少爱上了非人类伴侣。伴侣动物可以是马、狗、猫，也可以是其他各种愿意向服务犬、家庭成员或跨物种运动队员的生物社会性跃进的生物。一般来说，人们不会吃自己的伴侣动物（也不会被伴侣动物吃掉）。而人们很难不以殖民主义、族群中心主义和非历史（ahistorical）的态度来看待那些吃伴侣动物（或被它们吃掉）的人。

---

[1] 赠地学术机构，是指根据 1862 年和 1890 年的《土地授予法》（*Morrill Acts*，又称"莫里尔法案"）设立的一类高等教育机构。根据法案，联邦政府向各州提供土地，以支持建立和运营这些学校。这些学校的主要目标是提供实用的农业和机械工程教育，以帮助提高农业和工业领域的技术水平。此外，这类教育机构推动了工业革命，改变了社会阶层格局，使得一般劳工和当时的中产家庭子弟也能接受大学教育。这类大学也被称作"赠地大学"或"授田大学"。

物 种

"伴侣物种"是一个比"伴侣动物"更大、更杂的范畴，这不仅仅是因为我们必须将水稻、蜜蜂、郁金香和肠道菌群等有机生物包括在内，它们都造就了人类生活，反之亦然。我想写下"伴侣物种"这个关键词，以坚持在让这个词得以被说出的语言和历史的"音盒"中同时使四种"音调"共鸣。

第一，身为达尔文的"孝女"，我坚持进化生物学历史的音调，包括种群、基因流动率、变异、选择和生物物种等范畴。过去 150 年来，关于"物种"这一范畴是否代表一种实在的生物实体（biological entity），还是仅仅形容一个方便的分类容器的争论一直在进行。物种关乎生物学意义上的种类（biological kind），而科学专业知识对理解这种现实是必要的。继赛博格之后，什么被视为生物种类的问题打乱了原先对生物体的分类。机械和文本成为生物的内在部分，反之亦然，这种融合是不可逆的。

第二，在托马斯·阿奎那（Thomas Aquinas）和其他亚里士多德学派的熏陶下，我对作为属的哲学种类和范畴的物种保持着警觉。物种是关于差异的定义，植根于原因（cause）学说的多声部赋格。

第三，由于我的灵魂打上了天主教教育不可磨灭的烙印，我在"物种"这个概念中听到了一种教义，即"圣体实在"（Real Presence）的教义，这包括了两个物种——面包和酒，这是肉体"变质说"的符号。[①] "物种"是物质与符号在肉体上结合的结果，美国学术界的世俗新教感情无法接受这种结合方式，大多数符号学的人文科学（human science）也不接受。

第四，受马克思和弗洛伊德的影响，以及对可疑的词源学的嗜好，我在"物种"中嗅到了肮脏的钱财、硬币（specie）[②]、黄金、粪便、污秽、财富。在《爱的身体》（*Love's*

---

① 变质说（transubstantian）是天主教的核心教义，有时也被称作"圣餐变体论"。它认为，面包和葡萄酒可以通过圣餐礼转化为基督的圣体与宝血。

② specie 与"物种"（species）同源，最初的意思都是外形，硬币有固定外形，而种类、物种也被设想成有外部边界。

Body）一书中，诺曼·布朗（Norman O. Brown）让我了解到马克思与弗洛伊德在粪便和黄金、在原始排泄和文明金属、在硬币中的结合。我在现代美国狗文化中再次见到了这种结合，它有繁荣的商品文化；它有充满活力的爱与欲望的实践；它有将国家、公民社会和自由个人联系在一起的结构；它有纯种主体和客体制造的杂种技术。当我把上午《纽约时报》的塑料包装膜套在手上——这是来自工业化学研究帝国的产物，用它捡起我的狗每天新生产的微观生态系统——也就是狗屎的时候，我觉得这捡屎工具相当滑稽，它让我回到了化身、①政治经济学、技术科学和生物学的历史中。

总之，"伴侣物种"由四部分组成，其中，共构性（co-constitution）、有限性、不纯粹性、历史性和复杂性是它的本质。

因此，《伴侣物种宣言》讲述的是自然与文化在狗与人的具有无尽的历史特殊性的共同生活中的内爆（implosion），而狗与人又在意义重大的他性中紧密相连。许多人都被询唤（interpellated）进入这个故事，这个故事

---

① incarnation 本指道成肉身，但从上文看，这里或许指硬币（specie）是财富的化身，即抽象的观念化身为坚硬的物体。

对于那些出于卫生考虑而与狗保持距离的人也有启发。我想说服我的读者，技术文化的居民在自然文化的共生遗传组织中成为他们自己，这既体现在故事中，也体现在事实中。

我从法国后结构主义和马克思主义哲学家路易·阿尔都塞（Louis Althusser）的理论中摘取了"询唤"一词，即主体如何通过意识形态被"呼唤"（hailed）进入现代国家的主体／臣体地位，从而由具体的个体构成。今天，通过我们对动物生活的充满意识形态色彩的叙述，动物"呼唤"我们对它们和我们必须生活在其中的制度做出解释。我们"呼唤"它们加入我们对自然和文化的建构，这对生与死、健康与疾病、长生与灭绝都有重大影响。我们还以意识形态无法穷尽的方式在肉体中彼此相处。故事远比意识形态广大。这就是我们的希望所在。

在这篇冗长的哲学引言中，我违反了《一位体育作家女儿的笔记》中的一条重要规则。它是我为纪念我的体育作家父亲而写的潦草（doggish）文字，也正是它激发了我写这篇宣言的灵感。"笔记"要求不能偏离动物故事本身。教训必须是故事中不可或缺的一部分。对于我们这些坚信符号与肉体是一体的人——包括虔诚的天主教徒、曾经的天主教徒以及他们的同行者们，这是这类作品／体裁的真理规则。

我报道事实，讲述一个真实的故事，我写下了《一位体育作家女儿的笔记》。体育作家的工作就是报道比赛故事，至少曾经是这样。我之所以知道这一点，是因为小时候我曾深夜坐在 3A 等级的棒球俱乐部"丹佛熊"（Denver Bears）的体育场记者席上，看着我父亲撰写和发表比赛报道。[①] 与其他新闻工作者相比，体育作家的工作有些独特，他们需要通过编织一个只包含事实的故事来讲述发生了什么，文笔越生动越好。的确，如果忠实地撰写，修辞越有力，故事也就越真实。我父亲不想成为一名体育专栏作家，尽管在报业中这是更有声望的工作。他想写的是比赛故事，贴近比赛，如实报道，而不是寻找丑闻和元故事（meta-story）的角度，即专栏。我父亲的信仰是比赛，在比赛中，事实和故事共存。

我在两大体制的怀抱中长大，它们反对无过错离婚（no-fault divorce）的现代主义信念，其基础是故事与事实之间不可逆转的差异。这两个体制是教会和新闻界，它们的堕落早已出名，它们遭科学蔑视也是出了名的（尽管一直被科学利用），但它们在培养一个民族对真理永不满足的

---

① 3A 等级（Class AAA）为美国职棒小联盟的最高等级，丹佛熊队曾在 1947 年至 1954 年间属于 3A 等级联盟。

渴望方面不可或缺。符号与肉体，故事与事实——在我的成长环境里，这些"生殖伙伴"不可分离。用粗俗的"狗语"来说，它们被拴在了一起。难怪我成年后，文化和自然会发生内爆。而这种内爆的威力莫过于切身体验这种关系，以及提出这个被当成名词的动词——伴侣物种。这就是约翰所说的"道成肉身"吗？[1] 在第九局下半场，熊队落后两分，三人出局，两次三振，离提交报道的最后期限还有五分钟？[2]

我也在科学的殿堂里长大，大约在我的乳房开始发育时，我就了解到有多少地下通道连接着各个领地，有多少耦合将符号与肉体、故事与事实结合在一起，保留在实证知识、可证伪假设和综合理论的宫殿中。我的科学是生物学，所以我很早就认识到，解释进化、发展、细胞功能、基因组复杂度、随着时间推移的形态塑造、行为生态学、系统通信、认知等——简单说，解释任何值得冠以生物学之名的事物——与发布比赛故事或应对"化身"的谜题并无太大区别。要想忠实于生物学，从业者**必须**讲故事，**必须**了解事实，**必须**有一颗始终渴求真理的心，**必须**放弃一

---

① 语出《约翰福音》第 1 章第 14 节，圣约翰说："道成了肉身，住在我们中间。"
② 三振（strikes），棒球运动术语，指投手成功投出三个好球，而击打者没有成功击中这些球，导致击打者被裁判员宣布出局。

个最喜欢的故事，一个最喜欢的事实，因为它被证明有些不相干（off the mark）。从业者还必须有这样的胸怀，当一个故事揭示了重要的生活真相时，就会与故事风雨同舟，继承故事中不和谐的共鸣，生活在故事的矛盾之中。在过去的一百五十年里，不正是这种忠实让生物进化论这门科学蓬勃发展，并满足了我们这类人对知识的极度渴求吗？

从词源上讲，"事实"（facts）指的是施为（performance）、行动（action）、行为（deeds）——简言之，就是"成事"（feats）。"事实"是过去分词，是指一件做了、结束了、确定了、表明了、执行了、完成了的事情。"事实"已经在截止日期前登上了下一期报纸。从词源上讲，"虚构"（fiction）与之非常接近，但在词性和时态上有所不同。与事实一样，虚构也指行动，但虚构指的是塑造、形成、发明以及假装或佯攻。由于出自现在分词，虚构正在进行中，仍处于重要关头，尚未完成，仍然容易与事实相抵牾，但也容易表现出我们还不知道但将要知道的真实情况。与动物一起生活，在它们／我们的故事中栖居，试图讲述关系的真相，与活跃的历史共居，这就是伴侣物种的工作，对其而言，"关系"是最小的分析单位。

所以，近来我以写狗的故事为生。所有的故事都离不开修辞，也就是为了表达任何内容而必须使用的语词。修辞（希腊语：*tropós*）的意思是偏斜或绊倒。所有语言都会转弯或绊倒，从来没有直接的意义。只有教条主义者才会认为我们能够在交流中完全抛开修辞。我最喜欢用来讲述狗的故事的修辞手法是词形变异（metaplasm）。词形变异的意思是一个词的变化，比如添加、省略、颠倒或交换它的字母、音节或发音。这个词源自希腊语中的"*metaplasmos*"，意为重新塑造或重新塑形。词形变异是一个通用的术语，几乎可以指任何有意或无意的词语改动。在伴侣物种的关系中，我使用词形变异来指狗与人肉体的重塑以及生命编码的重新塑形。

比较一下"原生质"（protoplasm）、"细胞质"（cytoplasm）、"新质"（neoplasm）和"种质"（germplasm）这几个词。"词形变异"这个词有一种生物学的意味，正好是我在谈论词语时喜欢的。[1]肉体和能指、身体和词语、故事和世界，这些概念都在自然文化中结合在一起。"词形变异"可以表示一种错误、一块绊脚石、一种修辞手法，它会造成肉体

---

[1] "词形变异"的英文"metaplasm"与哈拉维在此并举的原生质、细胞质、新质、种质等生物学词语有相同的构词法，后缀都是"-plasm"。这个后缀与不同前缀结合时通常用于表示物质或形态，尤其在生物学和医学上用来描述细胞和生物体内的各种物质或结构。

的区别。例如，核酸中一串碱基的置换可以看作一种词形变异，它改变了基因的意义，改变了生命的发展轨迹。再比如，"种群"或"多样性"等词的含义发生变化，也会重塑犬类饲养员的做法，比如进行更多杂交，减少近系育种。通过颠倒意义、改变沟通整体、重新塑形、重新塑造、在偏斜中讲述真相。我一直在讲述有关故事的故事，一路到底都是故事。汪汪。

在隐含的层面上，这份宣言不仅涉及狗与人的关系。狗和人是一个宇宙。显然，赛博格把机械和有机体历史性地凝结在信息的编码中，这里的边界不太关乎皮囊，而是关乎在统计学意义上定义的信号与噪声的密度。因此，赛博格符合伴侣物种的分类。换言之，赛博格提出了狗所需的所有历史、政治和伦理问题。关爱、繁衍、权力差异、时间尺度，这些对赛博格都很重要。比方说，什么样的时间尺度可以塑造劳动制度、投资战略和消费模式，使信息机器的世代时间（generation times）与人类、动物和植物群落及生态系统的世代时间相一致？[1] 什么是正确的"铲

---

① "世代时间"是指生物繁殖或生命周期中所经历的时间，通常是从一个代际的出生到下一代的出生所经历的时间。对于不同的生物种类，世代时间会有很大的变化，从短短几小时的微生物到数十年的大型动物都有不同的世代时间。

屎工具"，用来处理废弃的计算机或个人数字助理？我们知道，至少不应该把它们扔进墨西哥或印度的电子垃圾堆，那里的人类拾荒者处理着这些博闻强识的电子产品产生的有毒生态废物，却得不到什么报酬。

艺术和工程是与伴侣物种打交道的天然兄弟姐妹。因此，人类与景观的耦合恰好属于伴侣物种的范畴，它唤起了所有把狗和"它们的人"的灵魂接在一起的关于历史和关系的问题。苏格兰雕塑家安迪·戈兹沃西（Andy Goldsworthy）对此深有体会。凭借植物的肉体、大地、海洋、冰雪和石头，他全身心地投入时间的刻度和流淌。对他来说，土地的历史是鲜活的，而这种历史是由人类、动物、土壤、水和岩石的多形态关系构成的。他的作品涵盖丰富内容，雕刻的冰晶与树枝交错，层层叠叠的岩锥有一人大小，垒在波涛汹涌的海岸潮间带，石墙横跨绵延的乡村。他像工程师和艺术家一样知晓重力和摩擦力等各种力。他的雕塑作品有的只持续数秒，有的则历经数十年，但死亡和变化从未被忽视。过程和分解，以及人类和非人类的主体、有生命和无生命的行动者都是他的伙伴和材料，而不仅仅是他的创作主题。

20 世纪 90 年代，戈兹沃西创作了一件名为《拱门》

（*Arch*）的作品。他和作家大卫·克雷格（David Craig）追溯了一条从苏格兰牧场到英国集镇的古老牧羊路线。他们边走边拍，组装和拆卸一座自支撑的红砂岩拱门，拱门穿越之处，便是动物、人和土地的过去与现在。那些消失了的树木和佃农、圈地和羊毛市场兴起的故事、英格兰和苏格兰几个世纪以来的紧张关系、苏格兰牧羊犬和雇工牧羊人存在的可能性条件、羊群从进食到行至剪毛场和屠宰场的情景，这些都在这座移动的石拱门中得到纪念，将地理、历史和自然史联系在一起。

戈兹沃西的拱门中暗含的柯利牧羊犬（collie）与其说是"莱西回家来"（Lassie Come Home），不如说是"佃农滚出去"（cottar get out）。[①]这就是20世纪末一档英国电视节目大受欢迎的条件，该节目讲述了苏格兰边境牧羊犬这种出色的工作牧羊犬的故事。19世纪末以来，牧羊犬竞赛影响了苏格兰边境牧羊犬的基因，该犬种使这项运动名

---

① "莱西回家来"是英国儿童文学作家艾瑞克·奈特（Eric Knight, 1897—1943）的作品《灵犬莱西》的英文标题直译。奈特笔下的莱西是一只柯利牧羊犬，这只聪明勇敢的狗与主人和他的家庭建立了深厚的友谊，它的故事也多次改编为银幕作品。在苏格兰，"佃农"指在农村地区租住地产并从事农业劳动的小农。在圈地运动中，许多佃农失去了土地私有权，他们被逐出土地，到城市或其他地方寻找生计。

图 1:《边境牧羊犬之困》(*Border Collie Hell*)。这张照片流传甚广，未注明出处。它最初出现在英国的一则广告中。照片中的牧羊人是托马斯·朗顿（Thomas Longton），他是英国著名的牧羊犬驯养师，来自奔宁山脉（Pennines）的昆莫尔（Quernmore）。感谢边境牧羊犬博物馆（Border Collie Museum）的卡萝尔·普雷斯贝格（Carole Presberg）。

扬几大洲。在我的生活中，也是这一犬种主导着敏捷运动。它也是被大量遗弃的犬种，或被热心的志愿者拯救，或在动物收容所被杀害，因为人们看过那些关于天才狗的著名电视节目后，都想在宠物市场上买一只，宠物市场则如蘑菇似的迅速增加，填补了这一需求。这些冲动的买家很快就发现，养了一只需要认真对待的工作犬，但他们无法提供边境牧羊犬所需要的工作。在这个故事中，雇工牧羊人的劳动和生产食物与纤维的羊的劳动又在哪里呢？我们从肉体上继承了多少现代资本主义的动荡历史？

　　如何在这些关于异质关系（而不是关于"人"）的终有一死、有限的流动中合乎伦理地生活，是戈兹沃西艺术中一个隐含的问题。他的艺术坚持不懈地关注人类在这片土地上的具体栖居方式，但它既不是人文主义艺术（humanist art），也不是自然主义艺术（naturalist art）。它是自然文化的艺术（the art of naturecultures）。关系是最小的分析单位，而关系涉及每一个尺度上意义重大的他性。这是关注的伦理，也许更好的说法是，这是关注的样式，我们必须用这种样式来对待人与狗的长期共居。

　　因此，在《伴侣物种宣言》中，我想讲述在意义重大的他者关系中的故事，通过这些故事，伴侣成为我们的肉体与符号。下面这些关于进化、爱、训练、种类或品种的长毛狗故事，有助于我思考如何与各种物种和睦相处，它们在时间、身体和空间的各个尺度上与人类一起在地球上出现。我的描述很有个人特质，它们更具指示性而不太系统化，更有偏向性而不是审慎判断，根植于偶然的基础而不是明确和清晰的前提。在这里，狗是我的故事，但它们只是庞大的伴侣物种世界中的一个参与者。在这篇宣言中，部分加起来不等于整体，在生活和自然文化中也是如此。相反，我在寻找玛丽莲·斯特拉森的"片面联系"，它是关于反直觉的几何关系和不协调的翻译，这些都是和睦相处所必需的，在这里，自我确定性的幻术和永恒交流的伎俩并不是一种选择。

进化的故事

我认识的每个人都喜欢关于狗的起源的故事。对于热情的读者来说，这些故事充满了意义，高度的浪漫和冷静的科学混合在一起。这些故事里充斥着人类迁徙和沟通的历史、技术的本性、野性的含义以及殖民者和被殖民者的关系。判断我的狗是否爱我、厘清动物之间以及动物与人类之间的智力水平、决定人类是主宰者还是被愚弄者等问题，可能都取决于一份严肃科学报告的结果。狗的品种是退化还是进化？狗的行为是遗传还是养育的结果？是应该听从老派解剖学家和考古学家的主张，还是最新分子技术专家的看法？起源于"新世界"还是"旧世界"？其祖先是现代一直属于濒危物种的高贵的狩猎狼，还是只会卑微地找垃圾吃，正如在土狗（village dogs）身上反映的那样？[1]我们应该根据线粒体 DNA 寻找一个或多个狗"夏娃"还是根据 Y 染色体的遗存找寻狗的"亚当"？凡此种种，都被认为十分关键。

就在我撰写《伴侣物种宣言》这一部分的当天，美国公共广播公司（PBS）、美国有线电视新闻网（CNN）等主要电视频道都报道了《科学》（*Science*）杂志刊登的三篇关于狗的进化和驯化历史的论文。短短几分钟内，犬类领域的众多电子邮件名单就开始热议这项研究的意义。网站地址飞越各大洲，将这一新闻带入了赛博格的世界，而那些并不特别关心狗的普通读者则在纽约、东京、巴黎或约翰内斯堡的日报上关注着这一新闻。这种对科学起源故事的华丽消费究竟是怎么回事？这些描述如何帮助我理解伴侣物种的关系？

对灵长类动物，尤其是类人猿（hominid）进化的解释，可能是当代生命科学领域最著名的"斗鸡"。不过，在人类科学家和大众作家之间，犬类进化领域的激烈"狗斗"

---

[1] 在哈拉维的语境中，"土狗"指的是那些在人类村落或社区附近自由生活、繁殖的狗。它们既不完全是家犬，也不完全野生，而是生活在人类居住区域的自然环境中的狗。因此，这些土狗不等于当代文化语境中的"田园犬"，或许更接近早期人类农耕社会中游荡的野狗。这些狗可能是家犬和野生狼狗之间的一个中间状态或过渡，它们也比狼更愿意接受人类的进一步驯化。

也绝不逊色。谈到狗在地球上的出现，没有一种说法不遭受质疑，也没有一种说法不被拥护者利用。在大众犬类和专业犬类的世界中，有两个利害攸关的问题。其一，在西方及其亲缘地区的话语中，什么算作"自然"（nature），什么算作"文化"（culture）？其二，与此相关联的"谁"和"什么"算作行动者（actor）？这些问题关系到技术文化中的政治、伦理和情感行动。作为犬类进化故事的拥护者，我一直在寻找既能共同进化（co-evolution）又能共同构成（co-constitution）的方法，同时又不剥夺故事的残酷性和多种形式的美感。

人们说狗是最早被驯化的动物，这使得猪失去了作为最早被驯化的动物的"荣誉"。人文主义技术狂热者将驯养描绘成男子气概、单亲、自我孕育的典范行为，人类在发明（创造）工具的过程中也在自我复制。家畜是改变时代的工具，它在肉体中实现了人类的意图，是狗体的自我满足（onanism）。人类把（自由的）狼变成了（作为奴隶的）狗，从而使文明成为可能。把黑格尔和弗洛伊德关在狗窝里混种？让狗代表所有家养的动植物物种，在根据人们的喜好不断进步或毁灭的故事中屈服于人类的意图。深度生态学（deep ecology）家喜欢相信这些故事，以便以"堕落为文化之前的野性"之名憎恨它们,就像人文主义者相信这些故事是为了抵御生物对文化的侵蚀一样。

近年来,随着"分布式"成为各个领域的主流模式,这些传统说法已被彻底改写,犬舍也不例外。尽管我知道它们只是一时的流行,但我还是喜欢这些经过变异和重新塑造的说法,它们让狗(以及其他物种)在驯化过程中率先行动,编排出一场具有分散和异质行动能力的无止境的舞蹈。除了新潮之外,我认为这些新故事更有可能是真实的,当然也更有可能教导我们关注意义重大的他性,而不是个人意图的反映。

对作为分子钟(molecular clocks)的狗线粒体 DNA 的研究表明,狗的起源时间比我们之前认为的更早。[1]1997 年,卡莱斯・比利亚(Carles Vilá)和罗伯特・韦恩(Robert Wayne)实验室的研究认为,狗与狼的分化可追溯到 15 万年前,也就是智人的起源时期。但这个时间并没有化石或考古证据支持,所以后续的 DNA 研究提出狗的起源可能在距今 5 万到 1.5 万年前之间。科学家们更倾向

---

① 分子钟是生物学中的一个隐喻概念,用于估计物种的分化时间。这种估算方法基于遗传物质中突变的稳定速率。简言之,分子钟是通过比较两个或多个物种间的遗传差异来估计它们从共同祖先分化出来的时间。

这个更晚近的时间，因为这个时间可以吻合所有已知证据。在这种情况下，由于短时间内的一系列分散事件，狗似乎首先出现在东亚某处，然后迅速分布整个地球，人类到哪里，狗就到哪里。

许多阐释者认为，最有可能发生的情况是，想要做狗的狼首先利用了人类垃圾场提供的"卡路里大餐"。这些新出现的狗伺机而动，在行为上，并最终在遗传上作出适应，以减小耐受距离（tolerance distances），减少应激的逃逸反应，这样一来，幼犬的发育时间更长，跨物种社会化的窗口期也更长，并且更自信地与危险人类占据同一片地区。[1] 对经过多代筛选的有差异化服从度的俄罗斯毛狐的研究显示，它们具有许多与驯化相关的形态和行为特征。它们可以为我们提供一个模型，展现某种原型的"土狗"是如何出现的——和所有犬类一样，土狗在基因上接近狼，但它们的行为与狼截然不同，而且容易接受人类进一步驯化的尝试。人类可以通过有意控制狗的繁殖（比如，杀死不想要的小狗或喂养某些母狗而不喂养其他母狗），也可以通过无意却有力的后果，塑造出历史上早期出现的许多犬

---

[1] 耐受距离通常指生物个体或群体能够忍受或舒适地接近其他生物个体或群体的最近距离，这个概念在动物学和人类行为学中尤为重要。

种。人类的生活方式在与狗的交往中发生了重大变化。灵活性和机会主义是这两个物种的游戏规则，它们在仍在进行的共同进化的整个故事中相互影响。

学者们利用这个故事来质疑自然与文化的截然划分，以便为技术文化塑造一个更具生成性的话语。犬类古生物学家和考古学家达西·莫雷（Darcy Morey）认为，人工选择和自然选择之间的区别没有意义，因为故事的全部内容都关于差异繁殖（differential reproduction）。[①] 莫雷不再强调"意图"，而是强调行为生态学（behavioral ecology）。环境史学家、技术史学家和科学论（science studies）学者埃德蒙·拉塞尔（Edmund Russell）认为，犬种的进化是生物技术史的一个篇章。他强调了人类的作用，并将生物视为工程技术，但方式是让狗发挥积极作用，并突出人类文化与狗的不断共同进化。科普作家斯蒂芬·布迪安斯基（Stephen Budiansky）坚持认为，包括狗的驯化在内的一般驯化是一种成功的进化策略，对人类及其相关物种都有好处。这样的例子不胜枚举。

---

① 差异繁殖是进化生物学中的一个概念，指的是在一个特定环境中，某些生物个体比其他个体有更高的生殖成功率。这通常是由于这些个体所具有的某些有利的遗传特征使它们更能适应那个环境，从而有更多的机会繁殖并将其基因传递给下一代。

将这些观点结合在一起，需要重新评估驯化和共同进化的含义。驯化是一个涌现的共居过程，涉及许多不同的行动能力和故事，这些故事并不是另一种表述的"堕落"，也不会给任何人带来确定无疑的结果。共居并不意味着亲密无间和感情外露。共居物种并不是20世纪初格林威治村（Greenwich Village）随时进行无政府主义讨论的"伴侣"（companionate mates）。[①]关系具有多种形式，利害攸关，尚未完成，且十分重要。

共同进化的定义必须比生物学家惯常的定义更为宽泛。当然，花的性结构（sexual structures）和授粉昆虫的器官等可见形态的相互适应就是共同进化。但是，如果把狗的身体和心灵的改变看作生物性的结果，而把人的身体和生活的改变，例如放牧或农业社会的出现，看作文化性的结果，因而认为与共同进化无关，那就错了。至少，我怀疑人类基因组中包含了囊括狗在内的伴侣物种病原体的大量分子记录。免疫系统并不是自然文化的次要组成部分，它们决定了包括人类在内的生物可以在哪里生活，以及与谁

---

① 格林威治村是纽约曼哈顿的一个大型居住社区。在19世纪末至20世纪中叶的这段时间里，格林威治村是波希米亚主义者、无政府主义者等激进分子活动的中心，也在战后美国民权运动和"越战"反战活动中有一席之地。

生活在一起。如果没有人类、猪、禽类和病毒共同进化的概念，流感的历史就难以想象。

但疾病不可能是生物社会故事的全部。一些评论家认为，就连人类用来说话的这种过度发达的（hypertrophied）基本生物能力，也是因为与人类相关的狗承担了气味和声音的警戒任务，从而解放了人类的脸、喉咙和大脑来进行交谈。我对这种说法持怀疑态度。但我确信，一旦我们把自己的"要么战斗，要么逃跑"的反应归结为涌现的自然文化，而不再只看到生物的还原论（reductionism）或文化独一性（cultural uniqueness），人和动物都会变得不同。

生态发育生物学（ecological developmental biology）的最新观点令我感到振奋——用发育生物学家和科学史学者斯科特·吉尔伯特（Scott Gilbert）的话来说，生态发育生物学就是"生态-发育"（eco-devo）。新的分子技术和来自多个学科的话语资源使这门年轻的科学成为可能，它的关键对象是发育的触发器和时机。差异化的、随环境而定的可塑性是规律，有时这种可塑性被吸收到基因中，有时候不是。生物体如何在从小到大的各个层面整合环境和遗传信息，决定它们会变成什么样。没有任何时间或地点是遗传的终点和环境的起点，遗传决定论（genetic determinism）充其量只是狭义生态发育可塑性的一个局部说法。

大千世界充满了丰富多彩的生命。例如，玛格丽特·麦克福尔-恩盖（Margaret McFall-Ngai）的研究表明，夏威夷短尾鱿鱼（*Euprymna scolopes*）的感光器官只有在胚胎被发光弧菌（luminescent *Vibrio* bacteria）定殖的情况下才能正常发育。[①] 同样，如果没有细菌群的定殖，人体肠道组织也无法正常发育。地球上动物的多样性是在海洋的"咸细菌汤"中产生的。进化中的动物在生命史的各个阶段都必须适应定殖在它们体内外的活跃细菌。一旦科学家们找到了寻找证据的方法，复杂生命形式的发育模式就有可能表明这些适应的历史。地球上的生物都善于捕捉机会（prehensile），[②] 随时准备把不大可能的伙伴变成新的共生体。共构的伴侣物种和共同进化是常规，而不是例外。对于我的宣言来说，这些论点都是修辞性的，但实质与描绘相去不远。修辞让我们愿意去看，需要去听，去寻找惊喜，让我们跳出固有的框框。

---

① 定殖（colonize）在这里是一个生物学概念，或译作"拓殖""定植"等，指生物学中物种成功扩散到新区域的过程。

② 这里的 prehensile 呼应了前面提到的怀特海的"摄受"（prehension）。

爱的故事

在美国，人们普遍认为狗具有"无条件的爱"（un-conditional love）的能力。根据这种观念，人在与其他人的关系中背负着误解、矛盾和复杂的负担，而他们从狗狗无条件的爱中找到了慰藉。反过来，人们也会像爱自己的孩子一样爱自己的狗。在我看来，这两种观念即使不是谎言，也是基于错误的认识，甚至它们本身就是对狗和人类的虐待。粗略地看一下就会发现，狗和人的关系一直都是多种多样的。但是，即使是在当代消费文化中饲养宠物的人中间——尤其是在这些人中间，对"无条件的爱"的信仰也是有害的。如果说"人通过在家畜（狗）和电脑（赛博格）等工具中实现自己的意图来创造自己"的观点是一种神经症（neurosis），我称之为"人本主义技术狂热自恋"（humanist technophiliac narcissism），那么表面上与之相反的"狗通过无条件的爱来修复人类的灵魂"的观点可能就是"犬类狂热自恋"（caninophiliac narcissism）的神经症。因为我发现在各种历史情境中，狗与人类各自的爱以及两者之间的爱弥足珍贵，所以反对无条件的爱的论述很重要。

J. R. 阿克利（J. R. Ackerley）的古怪杰作《我的小狗"郁金香"》（*My Dog Tulip*，1956 年首次在英国私人印刷）讲述了 20 世纪四五十年代这位作家与他的"阿尔萨斯"（Alsatian）母狗之间的关系，它为我的不同观点提供了一种思路。从这个伟大的爱的故事开始，历史就在读者的余光中闪烁。两次世界大战后，有很多为了继续我们的生活而作出否认和替代的琐碎例子，其中，英国把一种德国牧羊犬改叫"阿尔萨斯犬"。① "郁金香"（现实生活中叫"奎妮"[Queenie]）是阿克利一生的挚爱。② 身为一名重要的

---

① "为了继续我们的生活而作出否认和替代的琐碎例子"是指，在两次世界大战之后，为了继续正常生活并避免与德国有关的敏感联想，许多表达和事实被改变，有一些被否认和弃用了，另一些则被替代。第一次世界大战之后，英国社会反德情绪高涨，"英国犬业俱乐部"就把德国牧羊犬改叫"阿尔萨斯犬"，名称取自德国和法国接壤的阿尔萨斯地区。这种犬类曾被德军大量用作警治和军事目的，甚至在"一战"时就是德军的随军犬。不过值得注意的是，"阿尔萨斯犬"的名称也没有沿用至今，到了 1977 年，一些爱狗人士向英国犬业俱乐部施压，才允许该品种重新登记为德国牧羊犬。

② "奎妮"是阿克利爱犬的名字，"郁金香"是他在书中给她起的名字。"奎妮"是一只德牧母狗，与阿克利在一起达 15 年之久。

小说家、著名的同性恋者和出色的作家，阿克利履行这份爱的方式是从一开始就认识到自己不可能完成的任务，他首先要以某种方式了解**这只**狗需要什么、渴望什么，其次要不惜一切代价确保她能得到。

阿克利从"郁金香"的第一个家中把她解救出来，但在她身上，阿克利没有找到他理想中的爱情对象。他也怀疑自己不是她心目中的爱人。接下来的故事并不是关于无条件的爱，而是关于谋求栖息在一个主体间的（inter-subjective）世界里，在凡人关系的所有肉体细节中与对方相遇。行为生物人类学家芭芭拉·斯穆茨（Barbara Smuts）勇敢地书写了人与动物、动物与动物之间的主体间性和友谊，她会赞同这一观点。阿克利不是行为生物学家，但他对自己文化中的性学颇为习惯，他滑稽又感人地为定期发情的"郁金香"寻找合适的性伴侣。

荷兰环境女权主义者芭芭拉·诺斯克（Barbara Noske）也曾呼吁我们关注肉类生产的"动物工业复合体"（animal-industrial complex）丑闻，她建议将动物视为科幻小说意义上的"另世界"（other worlds）。阿克利坚定地致力于探索爱犬的意义重大的他性，他一定会明白这一点。"郁金香"很重要，这改变了他们俩。他对她也很重要，这种重要性只能通过与任何符号学实践（semiotic practice）相适合的"绊倒"（trip）来解读，无论是否涉及语言学（linguistic）。错误的认知与稍纵即逝的正确认知同样重要。阿克利的故事充满了世俗的、面对面的爱所涉及的肉体细节，创造意义的细节。从他人那里获得无条件的爱，是神经质的幻想，难说情有可原；努力满足爱里的混乱条件，则是另一回事。无论对方是动物还是人类，抑或是无生命体，为了了解亲密关系中另一方而持续探索，以及探索过程中不可避免的喜剧性和悲剧性错误，都会让我肃然起敬。阿克利与"郁金香"的关系赢得了"爱"的称号。

我受益于几位终身爱狗人士的指导。他们慎用"爱"这个字，因为他们厌恶把狗当成可爱、毛茸茸、像孩子一样的附属品。例如，琳达·魏瑟尔（Linda Weisser）饲养大白熊犬（Great Pyrenees）这种家畜护卫犬已有 30 多年，她是该犬种的健康活动家，也是这些狗的护理、行为、历史和健康等各个方面的老师。她对狗和养狗者的责任感令人惊叹。魏瑟尔强调对某一种狗、某一个品种的爱，并谈到，如果人们关心作为整体的某一犬种，而非仅仅关心自己的狗，需要做些什么。她毫不犹豫地建议杀死具有攻击性的救援犬或任何咬伤儿童的狗，这样做可能挽救该犬种

的声誉和其他狗的生命，更不用说挽救儿童了。对她来说，
"完整的狗"既是一种犬种，也是一个个体。这种爱引导她
和其他家境一般的中产阶级进行科学和医学方面的自我教
育、公共行动、指导，并投入大量的时间和资源。

魏瑟尔还谈到了"她的心上狗"（dog of her heart），
那是一条多年前与她同住的母狗，至今仍令她心动。她用
尖锐的抒情笔调写道，现在的这只狗在 18 个月大时来到她
家，狂吠了三天，但如今它接受了她九岁孙女的饼干，允
许孩子拿走食物和玩具，并宽容地管教家里的小母狗。

> 我对这只母狗的爱无以言表。她聪明、高傲、有首领
> 风范。如果她四处乱叫是我生活中需要付出的代价，那就
> 让她叫吧。（"大白熊犬讨论名单"，2002 年 9 月 29 日）①

魏瑟尔显然非常珍视这些感情和关系。她很快就坚持
认为，她的爱的根本在于：

---

① 这里的数据来源是 "大白熊犬讨论名单"（Great Pyrenees Discussion List ），下
  文还会提到 "犬类遗传学讨论名单"（Canine Genetics Discussion List ）和 "家
  畜护卫犬讨论名单"（Livestock Guardian Dog Discussion List ）等。"讨论名
  单"是指 20 世纪末互联网兴起后的邮件名单服务。正如哈拉维在《大白熊犬》
  一章所言："业余专家、志愿者和实践社群的合作至关重要。"互联网为犬种饲
  养、训练等劳动密集型工作的开展，以及犬类相关议题的讨论提供便利。

与不同的生物分享生活时的深切快乐乃至喜悦，这些生物的思想、情感、反应，可能还有生存需求都与我们不同。为了让这个"群体"中的所有物种都能茁壮成长，我们必须学会理解和尊重这些东西。（"大白熊犬讨论名单"，2001 年 11 月 14 日）

　将狗视为毛茸茸的孩子，哪怕是隐喻，也是对狗和孩子的贬低——让孩子被咬，让狗被杀。2001 年，魏瑟尔养了十一只狗和五只猫。在她的整个成年生活中，她拥有、培育并展示过多条狗。她养育了三个孩子，作为一位敏锐的左翼女权主义者，她过着充实的公民和政治生活。与她的孩子、朋友和同志分享人类语言是无可替代的。

　　虽然（我认为）我的狗可以爱我，但我从未与它们中的任何一只进行过有趣的政治对话。另一方面，虽然我的孩子们会说话，但他们缺乏真正的"动物"感受，而这种感受能让我触摸到另一个物种的"存在"，无论多么短暂，这种"存在"与我自己的物种如此不同，让我见识了无数令人敬畏的现实。（"大白熊犬讨论名单"，2001 年 11 月 14 日）

图 2：马可·哈定（Marco Harding）和威廉·德科尼格·考迪尔（Willem DeKoenig Caudill），琳达·魏瑟尔饲养的宠物大白熊犬。照片由作者提供。

以魏瑟尔的方式爱狗与宠物关系并不矛盾。的确，宠物关系可以而且确实经常培养出这种爱。在我看来，当宠物对狗而言是一项要求很高的工作，需要狗的自我控制能力以及与优秀工作犬相媲美的犬类情感和认知能力。很多宠物和宠物主人都值得尊重。此外，人类和宠物之间的玩耍，以及简单的在和平相处中度过时光，都会给所有参与者带来快乐。当然，这也是伴侣物种的一个重要意义。然而，在我所生活的社会中，宠物的身份使狗面临着特殊的风险。当人类的感情减退时，当人们把方便放在首位时，当狗不能满足无条件的爱的幻想时，它们就会面临被遗弃的风险。

我在研究过程中遇到的许多严肃的养狗人士都强调工作对狗的重要性，这让狗不那么容易受到人类消费主义一时兴起的影响。魏瑟尔认识许多畜牧业者，他们的护卫犬因从事的工作而受到尊重。有些狗受到爱戴，有些则不然，但它们的价值并不取决于感情经济。狗的价值和生命并不取决于人类认为狗爱他们。相反，正如魏瑟尔所说，狗必须做好自己的工作，其余都是额外回报。

精明的边境牧羊犬作家和牧羊犬竞赛参赛者唐纳德·麦凯格（Donald McCaig）对此深表赞同。他的小说《诺普的希望》（*Nop's Hope*）和《诺普的考验》（*Nop's Trial*）是介绍工作牧羊犬和它们主人之间亲密关系的绝佳读物。麦凯格指出，工作牧羊犬是一个介于"牲畜"和"同事"之间的类别（"犬遗传学讨论名单"，2000年11月30日）。这种状态的一个结果是，在工作中，狗的判断力有时可能比人的判断力更强。尊重和信任（而不是爱）是这些狗与人类之间建立良好工作关系的关键要求。狗的生活更多地依赖技能，也依赖不会崩溃的农村经济，而较少依赖问题重重的幻想。

麦凯格热衷于强调繁育、训练和工作的必要，以努力维持他最熟悉和最关心的犬种的宝贵放牧能力，我认为他有时贬低和错误地描述了犬类中的宠物关系和运动表现关系。我还怀疑，如果不是因为我们的文化将狗幼稚化，拒绝尊重差异，他与他的狗之间的关系也许可以恰如其分地称为"爱"。狗的自然文化需要他对功能犬的坚持，只有通过深思熟虑的工作实践，包括育种和经济上切实可行的工作，才能保留功能犬。我们需要像魏瑟尔和麦凯格那样，对某种犬种、作为整体的犬类和特定犬只的工作都有所了解。否则，无条件的爱会对犬种和个体都造成伤害。

训练的故事

摘自《一位体育作家女儿的笔记》：

马可是我的教子，他是"小辣椒"的小主人，而"小辣椒"是马可的"教犬"。我们是一个正在训练中的虚构亲属团体。我们的家族纹章或许会采用一句格言："狗是你的副驾驶。"这句格言来自伯克利的一本杂志《汪汪》（The Bark），它涉及犬类文学、政治和艺术，杂志名称效仿了《倒刺》（The Barb）。[①] "小辣椒"十二周大，马可六岁时，我和丈夫罗斯滕（Rusten）

[①]《汪汪》是一本介绍与狗有关的文化和生活方式的杂志，创办于 1997 年，最初是加州伯克利的一份通讯简报（newsletter），倡导狗主人在公园遛狗时不用拴绳。很快，它就发展成为一份广受欢迎的宠物季刊。经过 23 年的发展之后，该杂志现已停刊。《倒刺》也来自伯克利，它曾是 1965 年至 1980 年之间的一份地下周刊，以反文化为主题，内容多与青年文化、社会变革有关，也积极参与反战运动和民权运动。

在圣诞节给他上了幼犬训练课。[1] 每周二，我都会把"小辣椒"关进车上的板条箱里，接马可放学，开车去"汉堡王"吃一顿由汉堡、可乐和薯条组成的维系地球的健康食品晚餐，然后去"圣克鲁兹防止虐待动物协会"（Santa Cruz SPCA）上课。和许多同类一样，"小辣椒"也是个聪明伶俐、乐于助人的小家伙，天生就喜欢服从游戏（obedience games）。和许多在高速视觉特效及自动化赛博格玩具中长大的同龄人一样，马可也是一个聪明、积极的训练者，对控制类游戏（control games）很有天赋。

"小辣椒"学得很快，听到"坐下"的命令后，她马上就把屁股放在了地上。此外，她还在家里和我一起练习。起初，马可对"小辣椒"非常着迷，他把"小辣椒"当成一辆植入了微型芯片的卡车，自己掌握着遥控器。他按下一个想象中的按钮，小狗就神奇地实现了他无所不能的遥控意志。上帝威胁要成为我们的副驾驶。我是一个在20世纪60年代末期的清教徒社区（communes）中长大的有"强迫症"的成年人，

---

[1] 即罗斯滕·霍格内斯（Rusten Hogness），唐娜·哈拉维的第二任丈夫，是一位科学作家、电台制作人。

在所有事情上都信奉主体间性和相互性的理想，当然也包括对狗和男孩的训练。相互关注和沟通的假象聊胜于无，但我真正想要的远不止于此。此外，我是在场的这两个物种中唯一的成年人。主体间性并不意味着"平等"（equality），在狗的世界里，"平等"简直是一种致命的游戏，但这确实意味着关注面对面的意义重大的他性的共舞。此外，我是个控制狂，至少在周二晚上，我可以发号施令。

马可同时还在学习空手道，他深深地爱上了他的空手道师父。这个优秀的男人理解孩子们对戏剧、仪式和服装的热爱，也理解他的武术对心理、精神和身体的规训。马可欣喜若狂地用"尊重"（respect）来向我形容上课时的言与行。他着迷于让自己裹着空手道袍的小小身躯摆出规定的姿势，在表演某种"型"之前向他的师父或伙伴行礼鞠躬。让一年级时躁动的自己平静下来，与老师或伙伴的目光相遇，为要求严格的、程式化的动作做准备，这让他兴奋不已。嘿，在我追求伴侣物种蓬勃发展的过程中，我难道会放过这样的机会吗？

我说："马可，'小辣椒'不是一辆赛博格卡车，她是你的伙伴，正学习一种叫作服从的'武术'。你是年长的伙伴，也是这里的'师父'。你已经学会了如何用你的身体和眼神来表现尊重。你的任务就是把这套动作教给小辣椒。在你找到方法教会她如何平静地收起猴急的小狗本心，保持不动并看着你的眼睛之前，你不能让她执行'坐下'的命令。"仅仅命令她听到信号就坐下，给他"响片并奖赏"（click and treat）是不够的。[①] 这当然有必要，但顺序错了。首先，这两个小家伙必须学会注意对方。他们必须在同一场游戏中。我相信，在接下来的六个星期里，马可将成为一名训狗师。我还相信，随着他学会向她展示跨物种尊重的肉体姿态，她和他也成为彼此意义重大的他者。

两年后，我从厨房的窗户瞥见马可在后院趁着没人的时候和"小辣椒"一起做了 12 次"八字绕杆"（weave poles）。[②] 八字绕杆是最难教授和表演的敏捷项目之一。我觉得"小辣椒"和马可的八字绕杆又快又漂亮，不愧是他的"空手道师父"。

---

① 响片训练（clicker training）是一种动物训练方法，它用一种强化（reinforcement）的方法来标记动物作出了正确的反应。当作出正确的反应后，受训动物会获得奖赏。
② 八字绕杆是一种犬类敏捷训练中的障碍项目，通常用于训练狗穿过一排竖立的杆子，这需要它们在杆子之间按"8"字迅速穿梭，难度很大。

积极的束缚

2002 年，完美的敏捷训练选手兼教师苏珊·加勒特（Susan Garrett）撰写了一本广受好评的训练小册子，题为《粗暴的爱》（*Ruff Love*），由专注于狗敏捷性的"完美奔跑"（Clean Run Productions）公司出版。[①] 这本小册子借鉴了行为主义学习理论以及由此产生的过去 20 年来在犬类领域大行其道的积极训练方法（positive training methods），为任何希望与爱犬建立更亲密、反应更灵敏的训练关系的饲养员提供指导。[②] 当然，这本小册子也会提到

[①] 这本书的标题也可以翻译为"汪汪的爱"，作为非正式用语的"ruff"既有"粗糙、粗暴"的意思，也是狗喘息声的拟声词，因此这本书的标题可以看作一个双关语。

[②] 积极训练方法指的是一套使用积极强化来训练动物（尤其是狗）的方法。这些方法侧重于奖励良好行为，而不是惩罚不良行为。这种方法的目的是增强和鼓励期望的行为，使其更有可能在未来重复。

一些问题，比如狗狗不听呼唤或不适当的攻击行为。但更重要的是，加勒特致力于灌输生物行为学研究的态度，并将有效的工具交到敏捷运动学徒的手中。她的目标是展示如何建立一种充满活力的关注关系，让狗和人类都能从中获得回报。之前那种总是走神、不听话的狗，现在有了不经选择的、自发的、定向的热情。我强烈地感觉到，马可在他那所进步的小学里也接受过类似的教育。这些规则在理论上很简单，在实践中的要求却欺骗性地高。也就是说，当看到想要的行为时，立刻给个信号，然后在相关物种的恰当时间窗口内给它奖励。流行的积极训练口号"响片并奖赏"只是"规训与惩罚"之后的庞大冰山的一角。

加勒特小册子背面的一幅漫画强调，积极并不意味着放任。我其实从来没有读过哪本训狗手册比它更致力于近乎完全的控制，以实现人类的意图，这里指的是在一项要求苛刻的双物种竞技运动中实现巅峰表现。这种表现只能来自一个团队，这个团队具有高度的积极性，但并非是迫于压力，而是了解彼此的能量，相信指示姿势和反应动作的诚实和连贯。

加勒特的方法非常严谨，无论是在哲学上还是在实践中。人类伙伴必须做好准备，让狗把笨拙的两足动物视为一切美好事物的源泉。在训练期间（通常为几个月），必须尽可能杜绝狗以任何其他方式获得奖励的机会。浪漫的人可能会在面对将狗关在板条箱或用宽松的皮带拴在身上的要求时感到畏缩。禁止狗随意与其他狗嬉戏、冲向逗弄它的松鼠或爬上沙发——除非狗能够表现出自制力，并对人类的命令作出近乎百分百的反应，直到那时才能准许这类快乐存在。人类必须详细记录狗在每项任务中实际的正确反应率，而不是编造自己的狗肯定已经达到的天才高度。在"粗暴的爱"的世界里，不诚实的人类会遇到大麻烦。

对狗而言，这种训练报酬可观。去哪儿还能找到每天都有几次集中的训练，在设计上确保它们不犯错误，只会得到奖励，即迅速发放的零食、玩具和自由？这些奖励都是根据每只狗的喜好精心挑选的，目的是激发并维持这只个性已被熟知的小狗的最大动力。在狗的世界里，还有哪种训练方法能让狗学会学习，并热衷于展示新奇的、而又可以融入运动或生活常规的"行为"，而不是闷闷不乐地服从（或不服从）它们并不理解的强制要求？加勒特指导人类仔细列出狗真正喜欢的东西。她还指导人们如何以狗喜欢的方式与这些伴侣玩耍，而不是一味机械地朝他们抛球或用恐吓性的让它们过度兴奋的方式来让它们闭嘴。最重要的是，主人真的得喜欢以适合狗的方式玩耍，否则狗会看出来。加勒特书中的每个游戏都是根据人类目标而设并取得成功的例子，但如果不能让狗参与其中，那么这游戏就毫无价值。

简而言之，对人类的主要要求正是我们大多数人自以为知道实则不知如何去做的事情——怎么去真正地了解狗，聆听它们想告诉我们什么，不是靠冷冰冰的抽象概念，而是和它们建立一对一的关系和他性的纽带。

在加勒特的实践和教学中，没有"天然狗"狂野之心的浪漫主义和整个哺乳纲社会平等的幻想，但为注意力规训和如实的成果留下了广阔的空间。这种训练不涉及心理和身体的暴力，行为管理的技术是其核心。我以前做了很多本意良好但错误的训练，有的让我家狗痛苦，有的还给别的人或狗带来危险。这些方法对狗的敏捷性训练一点儿帮助都没有。所以，我必须重视加勒特的方法。有科学依据、以经验为基础的实践很重要。学习理论不是空谈，尽管它仍然是一种非常有限的话语和粗糙的工具。尽管如此，作为一名文化批评家，我无法阻止在高压、成功导向、个人主义的美国甚器尘上的"严爱"（tough love）意识形态。20 世纪的泰勒式（Taylorite）科学管理原则和公司化美国的人事管理科学在后现代的敏捷领域中找到了一个安全的庇护所。[①] 作为一名科学史学者，我无法忽视积极训练话语中那些被轻易地夸大、脱离历史背景、过于笼统的关于方法和专业知识的主张。

尽管如此，我还是会把我那本翻烂了的《粗暴的爱》借给朋友们看，也会把我的响片和"肝脏奖赏"放在口袋里。[②] 更重要的是，加勒特让我认识到，在缺乏连贯性的训练狗的过程中，由于我们投射到自己狗身上的前后矛盾的幻想和对实际情况的不诚实评估，我们这样的养狗人士自欺欺人的能力令人震惊。她的积极束缚教学法为狗狗们带来了一种严肃的、历史上特有的自由的可能性，也就是在多物种、城市和城郊环境中安全生活的自由，很少有身体束缚，也没有体罚，同时还能出于证据充分的自我实现动机进行高要求的运动。在狗的世界里，我终于开始明白大

---

① 泰勒式管理是一种科学管理方法，由19世纪末到20世纪初的美国工程师和管理顾问弗雷德里克·温斯洛·泰勒（Frederick W. Taylor）提出。他是科学管理运动的创始人，"泰勒主义"（Taylorism）一词也来源于此。泰勒的核心理念是，为了提高生产效率，应将工作流程分解为基本任务，并研究出执行每一任务的最佳方法。他主张通过观察和测量来找到最佳的工作方式，并将其标准化，让所有工人都遵循。这种专注于效率、简化工作和专业化工人的方法，在20世纪初的制造业中被广泛采用。
② 用动物肝脏制作的曲奇饼干常用作狗的零食，也作为训练奖励，因为狗喜欢肝脏的味道。

学老师在讨论课上讲的自由和权威到底是什么意思了。我
觉得我的狗挺喜欢那种有点粗暴、严格的爱。马可却对此
保留怀疑态度。

严厉之美

薇姬・赫恩（Vicki Hearne）是著名的伴侣动物训练师，也是美国斯塔福狸（American Staffordshire Terriers）和万能狸（Airedales）等受人诟病的犬种的爱好者，还是一位语言哲学家——乍一看，她与苏珊・加勒特截然相反。2001年去世的赫恩一直是积极训练法拥护者的眼中钉、肉中刺。许多专业训练师和普通养狗人士（包括我自己）都从军事风格的克勒（Koehler）训狗法转变到用肝脏曲奇奖励的方法，这种变化简直像改变宗教信仰一样大。[①] 克勒方法由于不太讨喜的纠正手段而被人们记住，比如用皮带拉

[①] 克勒（William R. Koehler）是20世纪中期著名的训狗师，他的训练方法强调让狗犯错误，然后让狗付出代价。这是一种消极强化的训练方法，重视规训。比如，当狗出现如挖坑、跳到人身上、吠叫等行为问题时，克勒主张使用身体惩罚作为纠正手段。这种方法曾经非常流行，但在现代的训狗领域中备受争议。现在，很多训狗师更倾向使用积极强化的方法。

扯或揪狗的耳朵。现在，我们更喜欢在行为主义学习理论家的肯定目光下迅速给狗送上肝脏曲奇作为奖励。然而，赫恩没有放弃旧方法，采纳新方法。她对响片训练的鄙视深入骨髓，仅次于她对动物权利言论的强烈反对。每次她"揪着耳朵"批评我新学的训练方法，我都感到很尴尬；但当她狠批那些动物权利的意识形态时，我又觉得特别高兴。然而，赫恩对"响片训练上瘾者"和"动物权利迷恋者"的批判连贯而有力，这令我肃然起敬，也让我注意到一种亲属的关联：赫恩和加勒特是表面不同却志同道合的"姐妹"。

这种"亲密系谱繁殖"（close line breeding）的关键在于，她们密切关注狗想向她们表达什么，也关注狗想要什么。这些思想家将所有狗的情境的复杂性和特殊性视为它们关系实践的无条件要求，这是一种"奇异恩典"。毫无疑问，行为主义训练师和赫恩在训练方法上存在着重大分歧，其中一些可以通过实证研究来解决，另一些则内嵌在个体天赋和跨物种魅力之中，或根植于不同实践社群之间无法通约的默契知识之中。有些差异可能还属于人类的冥顽不灵和犬科动物的机会主义。但是，"方法"并不是伴侣物种之间最重要的。跨越不可还原的差异的"沟通"才是最重要的。放在具体情境下的片面联系是关键。在这场"翻花绳"（cat's cradle）的游戏中，狗和人一起成长。[①]尊重是这场游戏的名字。优秀的训练师在意义重大的他者的标志下，展开使伴侣物种关联起来的规训。

赫恩最著名的一本关于伴侣动物与人类沟通的书叫《亚当的任务》（*Adam's Task*，1982），但书名并不恰当。这本书讲述的是双向对话（two-way conversation），而不是命名（naming）。亚当在他无条件的劳作中过得很轻松，他不必担心顶嘴。上帝，而不是狗，不打折扣地按照自己的形象创造了亚当。更麻烦的是，当人类语言不是沟通媒介时，赫恩不得不为对话感到担忧，但她担心的原因并不是大多数语言学家和语言哲学家担心的原因。赫恩喜欢训练师在工作中使用日常语言（ordinary language）。事实证明，这种用法对于理解狗想告诉她的事情十分重要，但不是因为狗说的是"毛茸茸的人话"。她坚决为很多所谓的"拟人化"（anthropomorphism）辩护。没有人能比她更有说服力地说明，马戏团驯兽师、马术师和犬类服从训练爱好者在语言实践时都充满了意图，且是有明确意识的。所有这些哲学上可疑的语言都是必要的，它们让人类警觉到，有人

---

① "翻花绳"玩家会在手指间用细绳编织各种图案，它在这里用作比喻，指狗和人在复杂的相互关系共同成长。

在与他们工作的动物身上找到了像在家里一样自如的感觉。

究竟**谁**像在家里一样（自如），这必须永远是个问题。[①]
认识到一个人无法**了解**他者或自我，但必须始终怀着尊重
的态度询问关系中涌现出了什么人和事物，这是关键。对
所有真正的"爱人"都是如此，无论他们是什么物种。神学
家描述了"以否定的方式认识"上帝的力量。因为上帝"是
谁"（Who Is）和"上帝是什么"（What Is）是无限的，而
一个没有偶像崇拜（idolatry）的有限存在（a finite being）
只能明确上帝"不是什么"（what is not）——不是自我的
投射。这种"否定"认识的另一个名称就是爱。我相信这
些神学方面的思考对了解狗是非常有帮助的，特别是对于
建立某种配得上"爱"这个字的关系（比如训练）来说。

我相信，所有伦理关系，无论是物种内部还是物种之
间的关系，都由不断警示的他性关系这根坚韧的丝线编织
而成。我们不是一个个体，我们的存在有赖于和睦相处。
我们有义务询问，谁是我们现有的伙伴，谁又是新出现的
伙伴。我们从最近的研究中获知，在一项寻找食物的测试
中，就算是养在犬舍里的狗对人类的视觉、指示（用手指
向）和敲击提示的反应也比总体上更聪明的狼和更像人的

---

① 粗体文字来自作者原文斜体，以示强调，下同。

黑猩猩要好得多。狗在物种和个体时间内的生存经常取决于它们是否能很好地读懂人类。但我们不能确定大多数人是否能超过随机水平地回应狗的信息。赫恩提出了一种富有洞见的矛盾说法，她认为，经验丰富的训狗师那些有明确意图的常用表达能够防止字面意义上的"拟人化"，也就是说，避免把动物看作"毛茸茸的人类"，避免以西方哲学和政治理论的尺度、按照动物与拥有权利的人本主体的相似性来衡量动物的价值。

赫恩对字面意义上的拟人化的抵制，以及对意义重大的他性关系的承诺，使她更加反对动物权利言论。换句话说，她爱上了伴侣动物训练的等级规训带来的跨物种成就。赫恩认为，卓越的行动美丽而艰苦、具体而个性。她反对抽象的对精神功能或意识进行比较的尺度，这种尺度将生物体在现代主义的"存在锁链"（great chain of being）①

①"存在锁链"是欧洲的神学和哲学概念，起源于古希腊，在中世纪和文艺复兴时期的欧洲变得非常流行。这个概念描述了一个严格的、分层的宇宙结构，从上帝和天使，到人类，然后是动物、植物，最后是无生命的物质等其他要素。每一级别都被认为有其固有的地位，且每一层都比下一层更接近神性或完美。这种观念最早源自古希腊的一些哲学家，包括柏拉图、亚里士多德、普罗提诺（Plotinus）和普罗克洛（Proclus）。中世纪和文艺复兴之后，近代的新柏拉图主义者重新发掘了柏拉图传统的思想资源，比如奉普罗提诺为"新柏拉图主义之父"，并将"存在锁链"的观念推向顶峰。

之中排序，并据此分配特权或监护权。她追求的是具体性（specificity）。

将纳粹德国对犹太人的"大屠杀"（the Holocaust）令人震惊地等同于动物工业复合体的屠宰——库切（J. M. Coetzee）的小说《动物的生命》（*The Lives of Animals*）中的角色伊丽莎白·科斯特洛（Elizabeth Costello）使这个观点变得闻名，或者将人类奴役行为等同于驯养动物，这些在赫恩的框架中都毫无意义。[①] 暴行和宝贵的成就一样，应该有自己强有力的语言和合乎伦理的反应，包括在实践中分配优先次序。更宜居世界的基于情境的涌现取决于这种差异化的感受力（sensibility）。赫恩爱上了狗与人类面对面娴熟交流时的"本体论编舞"之美。[②] 她确信，这就是"动物的幸福"（animal happiness）的编舞，这是她另一本书的标题。

1991年9月，赫恩在《哈珀》（*Harper*）杂志上发表了题为"马、猎犬和杰斐逊式幸福：动物权利哪里错了？"

---

① 科斯特洛是2003年诺贝尔文学奖得主库切笔下的人物，她是一位年迈的澳大利亚作家。在小说中，科斯特洛在世界各地发表演讲，谈论动物生命和审查制度等问题。她把人类为了消费肉类而依赖的屠宰工业体系等同于"二战"中发生的"大屠杀"。

② 参见前文提及的查里斯·汤普森的"本体论编舞"概念。

（Horses, Hounds and Jeffersonian Happiness: What's Wrong with Animal Rights?）的著名文章（可通过www.dogtrainingarts.com 在线查阅新的序言）。[1] 她问道，伴侣"动物的幸福"可能是什么？她的回答是，伴侣"动物的幸福"来自奋斗、工作和实现可能的满足感。这种幸福源于内在潜能的发挥，也就是赫恩所说的被动物训练师称为"天赋"（talent）的东西。许多伴侣动物的天赋只有在训练的**关系性**工作（*relational* work）中才能实现。赫恩效仿亚里士多德，认为这种幸福从根本上说是一种致力于"做对"（getting it right）的伦理，是对成就感的满足。[2] 狗和训练师在训练的劳动中共同发现了幸福。这就是涌现性的自然文化的一个范例。

这种幸福是对卓越（excellence）的向往，以及有机会尝试用具体的生命可以认识的方式而非绝对的抽象概念来实现它。并非所有动物都是一样的，它们的种类和个体的

---

[1] 赫恩在文中引用了托马斯·杰斐逊（Thomas Jefferson）的观点。杰斐逊将获得幸福的能力视为三项基本权利之一，而其他权利都建立在它们的基础之上："生命、自由和追求幸福。"

[2] 参见亚里士多德在《尼各马可伦理学》（*Nicomachean Ethics*）中对"幸福"（*eudaimonia*）的讨论。简言之，亚里士多德认为，幸福是合乎德性（*Areté*）的活动，所谓德性，就是把人特有的功能发挥好。

具体性都很重要。它们幸福的具体性也很重要，而这一点必须得到体现。赫恩对亚里士多德和杰斐逊幸福观的诠释，关乎人与动物作为共同有朽生命的繁荣。如果说，传统的人文主义在后赛博格时代和后殖民时代已经消亡，那么杰斐逊意义上的"犬哲学"（caninism）或许仍然值得一听。

赫恩将托马斯·杰斐逊带进了犬舍，他认为权利源于承诺的关系（committed relationship），而不是独立的、预先存在的类别身份。因此，在训练中，狗在特定的人那里获得了"权利"。在狗与人的关系中，狗和人在对方身上构建了"权利"，比如要求尊重、关注和回应的权利。赫恩将服从运动描述为一个让狗更能向人类索取权利的场所。学会诚实服从自己的狗是主人的艰巨任务。赫恩的语言依然具有强烈的政治性和哲理性，她断言，在教育狗的过程中，她为一种关系"赋予"（enfranchises）了政治权利。问题并不在于什么是动物权利，仿佛动物权利已经存在，只是有待发掘。问题在于，人类如何与动物建立权利关系。这种权利根植于互惠的占有（reciprocal possession），很难解除，而它们提出的要求会改变所有伙伴的生活。

赫恩关于伴侣动物的幸福、互惠的占有以及追求幸福的权利的观点，与那些把所有家畜动物（包括"宠物"）的

图 3："小辣椒"飞跃轮胎障碍。照片由 Tien Tran Photography 提供。

状态描述为"奴役"的观点大相径庭。相反，对她来说，伴侣动物面对面的关系使一些新的、讲究的东西成为可能，而这种新的东西并不是以人类的监护权（guardianship）取代所有权（ownership），也不是我们通常理解的那种财产权（property）关系。① 赫恩认为，除了人类，狗也是以物种特有的方式具有道德理解能力和严肃成就感的生物。占有（财产权）关乎互惠和接触的权利。如果我养了一只狗，那这只狗也拥有了一个人类。这背后具体意味着什么是个大问题。赫恩重塑了杰斐逊关于财产权和幸福的理念，甚至将这些理念带入追踪、狩猎、服从和家庭礼仪的世界。赫恩对动物幸福和权利的理想，也与人类对动物的核心义务只是减轻其痛苦的观点大相径庭。人类对伴侣动物的义务远比这要求得高，尽管如此，我们在这个领域中还是经常看到持续不断的残忍和冷漠，令人畏缩。环境女权主义者克莉丝·科莫（Chris Cuomo）所描述的繁荣伦理（the

---

① 原文中的"ownership"和"property"在这里都译作"所有权"，但它们有一些细微的差异。前者通常强调对某物的控制权或法律上的所有权，不仅是对实际物质的占有，后者更指"占有"某物这一状态和性质。我认为，根据语境，可以把两个词模糊地译作一个词。当作者提到"ownership"时，是为了区别于同样具有法律意义的"监护权"或"监护制度"（guardianship），而当她提到"property"时，强调的是"占有"的状态和性质。

ethic of flourishing）与赫恩的方法相近。在训练的关系性实践中，世界上出现了一些重要的东西。所有参与者都因此而得到重塑。赫恩喜欢关于语言的语言（language about language），她肯定能看出来这里面到处都是"词形变异"。

学习敏捷性

摘自《一位体育作家女儿的笔记》（1999 年 10 月）：

亲爱的薇姬·赫恩：

　　上周，在我观察我的澳大利亚混血狗罗兰（Roland）时，你的观点回荡在我的脑海中，这让我想起，这类事情是多种维度的而且与情境相关，要描述狗的气质，需要更加精准的能力，我尚未企及。我们几乎每天都会去一个不用牵狗绳、悬崖环绕的海滩。那里主要有两类狗——寻回犬（retrievers）和超寻回犬（metaretrievers）。[1] 罗兰是

---

[1] 寻回犬是一种猎犬，能寻找并叼回猎物。在训练寻回犬时，当有人投掷球或棍子，它们会集中注意力，迅速奔跑去捡回来。在哈拉维的语境里，"超寻回犬"指另外一种犬类，它们更感兴趣的是观察和"管理"寻回犬，而不是直接追求球或棍子。当寻回犬专注于即将被投掷的物体时，超寻回犬则会专注地观察寻回犬，准备"牧羊"般地追随。

一只超寻回犬。罗兰偶尔也会和我跟罗斯滕（Rusten）一起玩球（或者只要在运动中伴随着一两块肝脏曲奇，那么它任何时候都可以玩），但他并不上心。对他来说，这项活动并不能给他带来真正自我奖赏的感觉，他那风格平庸的样子也说明了这一点。超寻回犬完全是另一回事。无论谁要扔球或棍子，寻回犬会紧盯不放，仿佛接下来的几秒钟就是他们的生命。超寻回犬则观察寻回犬，能够极其敏锐地感知方向提示和弹跳的瞬间。这些超寻回犬不关注球或人。他们关注的是那些"披着狗皮的反刍动物替身"。[1] 身为超寻回犬的罗兰就像是以澳大利亚边境牧羊犬的身形在教授柏拉图主义。[2] 他的前躯低垂，前腿微微分开，一前一后保持着一触即发的平衡。他的后颈毛半竖起，目光专注，整个身体都准备好了，随时都可以展开有力的、方向明确的行动。当寻回犬追逐投掷物时，超寻回犬就会从紧张的注视和潜伏状态中抽离出来，欢快而娴熟地

---

① "披着狗皮的反刍动物替身"喻指被超寻回犬观察和追随的寻回犬，它们就像牧羊犬、牧牛犬观察和追随的目标，仿佛只是披着狗皮的牛羊。

② 哈拉维这里借用了柏拉图对哲学家之为哲学家的根本界定，即非哲学家更加关注直接的对象（就像寻回犬关注球和人），哲学家则关注非哲学家的那些关注本身，即他们的感知和思维是如何发生、如何运作的（就像超寻回犬关注寻回犬的运动）。

向寻回犬冲去，紧紧追随，聚拢和切断寻回犬的冲锋。优秀的超寻回犬甚至可以同时应对多只寻回犬。好的寻回犬可以躲避那些超寻回犬，并依旧通过令人惊叹的跃跳来抓到投掷物——就算被掷入大海，他们也会奋力冲进波涛。

由于我们的海滩上没有鸭子或其他代用的牛羊，因此寻回犬必须尽职尽责地帮助训练超寻回犬。有些寻回犬饲养员不喜欢他们的狗这样身兼多职（这也不怪他们），所以我们这些饲养超寻回犬的人就想方设法偶尔用一些游戏来分散狗的注意力，但这些游戏难免会让他们觉得尤为不满意。周四，我的脑海中想象了一幅类似拉尔森卡通风格的场景。[1]在这个场景中，除了罗兰这只年老并且患有关节炎的英国古代牧羊犬（Old English Sheepdog），还有一只漂亮的红三色（red tricolor）澳大利亚牧羊犬、一只某个品种的混血边境牧羊犬，他们紧密地围在一只牧羊犬和拉布拉多的混血犬、一大堆五花八门的金毛犬，以及一只总是跟随某个猎物的指

---

[1] 加里·拉尔森（Gary Larson，1950— ）是美国著名的漫画家，他的《远方》（*Far Side*）等作品以独特的幽默和讽刺闻名于世，经常描绘动物和人类在荒诞和滑稽的情境中的互动。

示犬（pointer）周围。^① 那个有指示犬相随的人自始至终都是美国的自由个人主义者（liberal individualist），但他只想把手里的棍子扔给他的狗玩。^②

2001 年 5 月 6 日与敏捷训练师盖尔·弗雷泽（Gail Frazier）的通信：

你好，盖尔：

您的"学生"——罗兰狗和我，在本周末举行的"美国犬类敏捷运动协会"（USDAA）选拔赛中获得了"标准新手组"（Standard Novice）的两个合格分数！^③

我们周六清晨的"赌徒"（Gamblers）游戏不如预

---

① "红三色"的犬种一般指同时具有红色、白色和黑色毛发的犬种，红色是主要颜色，从浅色的桃红到深色的赤红不等。这种颜色组合在某些犬种中很常见，例如澳大利亚牧羊犬和边境牧羊犬。指示犬是猎犬的一种，在发现猎物时通过身体（如站立的"指向"姿势）或鼻子来告诉猎人猎物的位置。

② 哈拉维的这句话有调侃的意味。自由个人主义者认为，人是自主自足的个体，权利先于任何善的概念，也独立于任何善的概念。原文中，哈拉维在提到美国时用的是"Amerika"一词，她特意使用了"k"而不是"c"，这可能是为了强调或模仿某种特定的写法或风格，这种拼写方式被用来调侃美国的某些方面。

③ "美国犬类敏捷运动协会"（USDAA，United States Dog Agility Association）是一个组织，它主导和促进犬类敏捷运动在美国的发展，并举办各种大小的比赛和赛事，为犬类敏捷运动爱好者提供了一个竞争平台。哈拉维在下一节谈到犬类比赛时还会谈到这个组织。

期。^① 而且我们在障碍赛中的表现非常糟糕，有辱"敏捷"之名，这场比赛直到周六晚上六点半才进行。我要为此辩护一番。我们凌晨四点起床，睡了三个小时就赶到海沃德（Hayward）参加比赛，到了晚上能站着就不错了，更不用说跑和跳。罗兰和我都跑了完全不同的障碍赛路线，都不是裁判规定的路线。但是我们周六和周日的标准赛跑得都很好，还在其中一场中赢得了冠军绶带。罗兰的脚和我的肩似乎是天生的舞伴。

下周六，"小辣椒"和我将前往迪克森的"时尚犬敏捷团体"（Haute Dawgs）参加她的第一场趣味比赛。祝我们好运。在赛道上会有很多犯大错的地方，但到目前为止，这些错误都很有意思，至少都能带来启迪。在周日下午的海沃德，我和一位男士在分析我们各自比赛的过程时，都为美国文化中的巨大傲慢所逗笑（这次是我们自己），因为我们通常相信错误是有原因的，而且我们可以知道这些原因。诸神在发笑。

---

① "赌徒"游戏是一些犬类敏捷比赛中的项目。根据新西兰一家犬类敏捷组织的参赛说明，"赌徒"游戏分成两个部分——"点数累积"（The Points Accumulation Period）和"赌注"（Gamble）环节，游戏规则大致如下。游戏的目的是在开局阶段收集尽可能多的点数，然后在规定时间内成功完成"赌注"环节。在"点数累积"环节，训练师自行设计赛道，在30秒内积累尽可能多的分数。"赌注"环节是一项距离挑战赛，在比赛过程中，训练师要站在线后，狗要通过各种障碍。

图 4：罗兰飞跃单杠。照片由 Tien Tran Photography 提供。

比赛的故事

　　1978 年 2 月，在伦敦举行的"克鲁夫茨狗展"（Crufts）上首次出现了犬类敏捷运动，它的部分灵感来源于马术障碍赛，是在服从冠军赛之后、集体评审之前的休息时间举办的娱乐项目。1946 年，警犬训练开始在伦敦出现，这也是敏捷运动的渊源之一，当时使用的障碍物包括大倾角 A 型架，军队之前已经用过这种障碍物来训练军犬部队。英国的"犬类工作比赛"（Dog Working Trials）要求苛刻，包括三英尺高的横杆跳（bar jumps）、六英尺高的垂直板跳（panel board）和九英尺高的连续板跳（board jumps），这项竞赛为敏捷运动增添了第三个起源。① 在早期的敏捷

---

① 垂直板跳和连续板跳不同。垂直板跳的目的是越过垂直放置的板型障碍物，类似横杆跳，只不过把横杆换成了立板。连续板跳又叫"长跳"（long jumps），这是一系列的跳板，它们排列在一起，从最低的开始，逐渐变高，目的是让狗从一端跳到另一端，而不是跳过任何单个跳板。这个障碍的设计是为了测试狗的长跳跃能力。

运动比赛中，跷跷板是从儿童游乐场捡来的，煤矿通风井用作比赛隧道。英国训犬师兼敏捷运动历史学家约翰·罗杰森（John Rogerson）说，男人是这些活动的最初爱好者——许多"在煤矿下工作的人，希望与他们的狗一起找点乐子"。"宝路"（Pedigree）宠物食品公司赞助的"克鲁夫茨狗展"和电视转播确保了这项运动中人的性别和阶级的多样性，就像狗狗们 ① 的血统一样。

敏捷运动在英国大受欢迎，它在全球的传播速度甚至超过了狗被驯化后在全球的传播速度。"美国犬类敏捷运动协会"成立于 1986 年。到 2000 年，敏捷运动吸引了成千上万上瘾的参赛者，在全国各地举办了数百场比赛。通常情况下，一个周末的比赛会吸引至少三百只狗和他们的训练师参加，许多参赛队每月都要参加一次以上的比赛，每周至少要进行一次训练。敏捷运动在欧洲、加拿大、拉丁美洲、澳大利亚和日本蓬勃发展。2002 年，巴西赢得了"国际犬业联盟"（Fedération Cynologique Internationale）举办的世界杯赛的冠军。"美国犬类敏捷运动协会"举办的"大奖赛"（Grand Prix）通过电视转播，敏捷运动爱好者

---

① 这里原文用的是"its equipment"，狗之所以能被视为一种"设备"，是由于哈拉维采取了打通有机与无机的立场（可以说是一种后赛博格的立场）。

认真观看录像带，因为他们可以欣赏到优秀训犬师团队的新动作和"狡猾"裁判设计的新赛道。美国多个州都举办了为期一周的训练营，数百名学员与著名的训犬指导师一起参加了训练营。

从这项运动的精美月刊《完美奔跑》（*Clean Run*）上可以看出，敏捷运动对技术的要求越来越高。一条赛道由20来个障碍物组成，如跳台、六英尺高的A型架、12根八字绕杆、跷跷板和隧道等，由裁判按比赛模式排列。不同的比赛包括"斯诺克"（Snooker）、"赌徒"、"双人赛"（Pair）、"绕杆跳跃者"（Jumpers with Weaves）、"隧道穿越者"（Tunnelers）和"标准赛"（Standard），它们涉及不同的障碍配置和规则，需要不同的策略。① 比赛当天，选手们将第一次看到赛道，并在赛道上走10分钟左右，以计划自己的赛程。狗在比赛真正开始之前是看不到赛道的。人类用声音和肢体发出信号，狗则按照指定顺序快速通过障

---

① 除了"赌徒"比赛项目（参见第77页脚注1），这里提到的其他项目也常见于犬类敏捷运动。比如，"斯诺克"是一种场地障碍赛，参赛狗根据训练师指令在规定路线上完成规定动作，并绕过或穿越障碍物。"双人赛"是一种需要两组犬／主人团队参与的比赛。正在进行比赛的主人手持接力棒，第一组犬／主人团队完成比赛的前半部分后，将接力棒传给第二组团队的主人，然后第二组犬／主人团队完成比赛的后半部分。"绕杆跳跃者"项目主要就是八字绕杆和跳跃两项比赛内容。"隧道穿越者"是穿越隧道的竞速项目。

碍。成绩取决于时间和准确性。① 一次比赛通常只需要一分钟或更短的时间，而胜负往往就在一瞬间。敏捷运动依赖于快缩肌纤维、骨骼和神经！根据赞助组织的不同，狗和人的团队一天要参加两个到八个项目。对障碍模式的认识、对动作的了解、在高难度障碍上的技巧，以及狗与训犬员之间完美的协调与沟通，都是良好运动的关键。

敏捷运动费用高昂，旅行、露营、报名费和训练费每年动辄2 500美元。要想取得好成绩，参赛队伍需要每周进行多次训练，并且保持身体健康。对狗和人来说，时间的投入都不是小数目。在美国，中年、中产阶级、白人女性在数量上主导着这项运动。国际上，最优秀的选手在性别、肤色和年龄上更为多样，但阶级大概不够多样。各种各样的狗都能参加比赛并获胜，但边境牧羊犬、喜乐蒂牧羊犬（Shetland Sheepdogs）、杰克罗素㹴（Jack Russell Terriers）等特殊犬种在各自的"跳高级"（jump height classes）中表现出色。②这项运动完全是业余性质，由志愿者和参赛者组织和开

① 大多数犬类敏捷运动比赛项目既考验用时，又考验准确性。用时最少、失误最少者胜出。比如，在"双人赛"中，团队在比赛过程中累积的任何路线错误（撞杆、错过接触、错误路线等）都会添加到他们的时间中以生成一个总分数。
② 在犬类敏捷运动比赛中，"跳高级"指的是根据不同犬种和它们的体型或肩高划分的跳跃高度级别。不同大小的犬种会被分配到不同的跳跃高度类别，确保它们面对的障碍高度与它们的体型相适应。这样，小型犬只需要跳越较低的障碍，而大型犬则需要跳越较高的障碍。

展。研究（并从事）这项运动的犹他州社会学家安·勒夫勒（Ann Leffler）和戴尔·吉莱斯皮（Dair Gillespie）用"热情的副业"来谈论敏捷运动，认为它使公共与私人、工作与休闲之间的接口（interface）受到质疑。我努力说服我的体育作家父亲，让他相信敏捷运动应该让橄榄球靠边站，与世界级的网球一起在电视上占据应有的位置。除了与我的狗一起享受时光和工作的简单、个体的快乐之外，我为什么要关心这个问题呢？确实，在这个充满了如此多紧迫的生态和政治危机的世界上，我**怎么**能关心这些呢？

彼此的爱、承诺以及对技能的渴望并不是零和游戏。在薇姬·赫恩看来，像训练这样的爱的行为会孕育出另一些爱的行为，比如对其他连带的、涌现的世界的关心和照护。这是我的伴侣物种宣言的核心。我认为敏捷性本身就是一种特殊的好东西，同时也是变得善于处世的途径之一——换言之，对各种尺度上的意义重大的他者的要求更加警觉，而这正是建设更宜居的世界所需要的东西。与其他地方一样，这里的关键在于细节。联系就在细节之中。有一天，我会写一本厚书，如果不是为了向福柯致敬而叫"犬舍的诞生"（*Birth of the Kennel*），那么就为了向我的另一位前辈致敬而叫《一位体育作家女儿的笔记》，来论述狗与我们需要繁荣的众多世界之间那千丝万缕的联系。[①] 在这里，我只能给出提示。为此，我将从修辞的角度出发，引用我的敏捷运动老师盖尔·弗雷泽经常对她的学生使用的三个短句："你离开了你的狗""你的狗不信任你""要信任你的狗"。

这三个短句又让我们回到了马可的故事、加勒特的"积极的束缚"和赫恩的"严厉之美"。优秀的敏捷训练师（比如我的训练师），可以清楚地告诉她的学生他们在哪里离开了自己的狗，并准确指出哪些手势、动作和态度会破坏与狗的信任关系。这一切都非常直观。起初，动作看起来很小，微不足道；时机要求太高，太难；一致性太严格，老师要求太高。然后，狗和人一起想办法，哪怕只有短短的一分钟，想办法如何和睦相处，如何在艰苦的赛道上以纯粹的快乐和技巧前进，如何沟通，如何坦诚相待。目标是"规训的自发性"（disciplined spontaneity）这一矛盾的结合。训练犬和训犬师都必须能够既掌握主动、又顺从地回应对方。我们的任务是在一个不连贯的世界中保持足够的连贯性，以便在肉体上、在奔跑中、在赛道上共同跳出一种能够滋养尊重与回应的存在之舞。然后要记得，如何在每一个尺度与所有的伙伴一起这样生活。

---

① 指福柯的著作《临床医学的诞生》（*The Birth of the Clinic*, 1963）。

犬种的故事

到目前为止，本宣言强调了由人类、动物和无生命主体共同构成的两种时空尺度。其一，地球及其自然文化物种层面上的进化时间；其二，有朽的身体和个体寿命尺度上的面对面相处的时间。进化的故事试图平息我那些关心政治的朋友们对生物学还原论（biological reductionism）的担忧，并与我的科学论同事布鲁诺·拉图尔（Bruno Latour）一道，让他们对自然文化中生动得多的冒险产生兴趣。爱和训练的故事则试图从不可还原的个人细节中尊重世界。在每一次重复中，我的宣言都在分形地（fractally）发挥作用，重新书写关注、倾听和尊重的相似形态。

现在是时候在另一个尺度上发出声音了——在数十年、数个世纪、人口、地区和民族的历史时间尺度上发出声音。在此，我借用凯蒂·金（Katie King）关于女权主义和写作技术（writing technologies）的著作，她探寻如何认识全球化进程中涌现的各种意识形式，包括分析方法。她写到了分散式行动能力、"本地和全球的层次"以及有待实现的政治未来。养狗人需要学会如何继承艰难的历史，以塑造更具生命力的多物种未来。对分层和分布式复杂性的关注有助于我避免悲观的决定论和浪漫的理想主义。事实证明，狗的世界是由本地和全球的多个层次构建而成的。

我需要借助女权主义人类学家罗安清（Anna Tsing）来思考狗的世界的尺度制定（scale-making）。[①] 她拷问了当代印度尼西亚跨国金融操弄中什么才算是"全球的"（global）。她看到的不是已经存在于边界、中心、地方或全球的形状和尺度中的实体，而是多种类型的创造世界的"尺度制定"，在这种制定中，我们仍然可能重新打开看似封闭的东西。

最后，我把奈费尔蒂·塔迪亚尔（Neferti Tadiar）对"经验作为活生生的历史劳动"（experience as living historical labor）的理解移用到狗的世界，通过这种理解，主体可以结构性地在权力体系中被定位，而不至于沦为资本主义和

---

① 关于罗安清"尺度制定"的概念，可以参考她的论文《全球情况》（"The Global Situation"）。

帝国主义等大行动者（Big Actor）的原材料。[1] 她可能会原谅我把狗也纳入这些主体，而且她至少暂时会同意我关于人与狗这一对关系的看法。让我们看看，讲述两种不同类型的狗——家畜护卫犬和牧羊犬的历史，讲述从这些类型中产生的制度化犬种——大白熊犬和澳大利亚牧羊犬的历史，以及讲述没有固定犬种或种类的狗的历史，是否有助于塑造一种强有力的处世意识（worldly consciousness），与我的女权主义、反种族主义、酷儿和社会主义同志们团结——亦即与想象的共同体（imagined community）团结，只有通过否定的命名方式才能了解这个共同体，就像所有的终极希望一样。[2]

在这种否定的方式下，我磕磕绊绊地讲述着陈述性故事。关于狗的品种或种类，有无数的起源和行为故事，但并非所有的叙述都生来平等。犬类领域的导师们向我传授了他们的犬种历史，我认为这些历史既尊重非专业人士的，也尊重科学的文献、口述、实验和经验证据。以下是一些

---

[1] 关于塔迪亚尔的这个观点，可以详细参考她的重要著作《事物的消逝：菲律宾的历史经验和全球化的形成》（*Things Fall Away: Philippine Historical Experience and the Makings of Globalization*）。

[2] 哈拉维在前文已经谈到过这种消极的命名方式，即不是"是什么"，而是"不是什么"。参见前文《严厉之美》章节。

故事的复合体，它们将我询唤（interpellating）到它们的
结构中，展现了生活在自然文化中的伴侣物种的一些重要
特征。

大白熊犬

与牧绵羊和山羊的民族有关的护卫犬可追溯到数千年前，遍布非洲、欧洲和亚洲的广大地区。从北非的阿特拉斯山脉（Atlas Mountains），穿越葡萄牙和西班牙，穿越比利牛斯山脉（Pyrenean mountains），横跨南欧，进入土耳其，进入东欧，横跨欧亚大陆，穿过西藏地区，进入戈壁沙漠，数以百万计的牧民、羊群和狗进行本地的和长距离的迁徙，往返于市场和冬夏牧场之间，在土壤和岩石上刻下了深深的足迹。雷蒙·科平杰（Raymond Coppinger）和洛娜·科平杰（Lorna Coppinger）夫妇在他们翔实的著作《狗》（*Dogs*）中，将这些足迹比作来自冰川的刻蚀。地区性的牲畜护卫犬在外观和姿态上都发展成了不同的种类，但性交流总是将邻近或流动的种群联系在一起。在较高、较北、较寒冷的气候条件下成长起来的狗比在地中海或沙漠生态环境下形成的狗体型更大。西班牙人、英国人和其他欧洲人将他们的大型獒犬和小型牧羊犬带到美洲，进行着被称为征服（conquest）的大规模基因交流。这种相互连接但又绝非随机混合的种群是生态和遗传种群生物学家的梦想，也是噩梦，这取决于那个叫作"历史"的难事。

19世纪中叶以后，犬业俱乐部（kennel club）在给家畜护卫犬配种时采用封闭式公种犬册，这些犬种来自从区域性品种中收集的数量不等的个体，如西班牙巴斯克地区的比利牛斯獒犬（Pyrenean Mastiff）、法国和西班牙巴斯克地区的大白熊犬、意大利的马雷玛犬（Maremma）、匈牙利的库瓦兹犬（Kuvasz）和土耳其的安纳托利亚牧羊犬（Anatolian Sheepdog）。在狗的世界，有关这些被称作犬种的封闭"孤岛"种群的遗传健康和功能意义的争议甚嚣尘上。育种会（breed club）在一定程度上类似于濒危物种的管理协会，对于濒危物种，要解决种群瓶颈和过去对遗传的自然选择和人工选择系统的干扰问题，就必须采取持续的、有组织的行动。①

---

① 本书会谈到不同国家和地区的"犬业俱乐部"（kennel club），亦称"犬业协会"或"犬业社团"，是处理犬类事务的组织，通常具有民间性质。书中（转下页）

传统上，家畜护卫犬保护羊群免受熊、狼、贼和陌生狗的伤害。它们经常与牧羊犬在同一羊群中工作，但它们的工作不同，相互影响也有限。随着地区而各不相同的小型牧羊犬随处可见，其中包括成群的柯利牧羊犬，我们将在谈到澳大利亚牧羊犬时进一步了解它们。农牧民在广袤的土地上和长时间的放牧经济中对他们的牧羊犬采用了严格的功能性标准，这些标准直接影响了牧羊犬生存和繁殖的机会，并塑造了牧羊犬的类型。生态条件也塑造了狗和羊，而与人类的意图无关。与此同时，采用不同标准的狗在有机会时肯定会与邻近的狗发生性关系。

护卫犬并不牧羊，它们主要在边界巡逻，通过大声吠叫来警告陌生者，从而保护羊群免受掠食者的伤害。它们会攻击甚至杀死执意闯入者，但它们能够根据威胁的程度来调整自己的攻击性，这一点堪称传奇。它们还能完善自己针对不同种类和级别的警报发出不同吠叫的能力。家畜护卫犬的猎取欲望往往很低，它们在幼犬时期玩的游戏很

（接上页）还常涉及另一种叫"育种会"（breed club）的社团，它只针对单一品种或血统的犬类。换言之，前者是"全血统犬会"，后者是"单一血统犬会"。两种犬会可能存在隶属或结盟的关系（参见本书《澳大利亚牧羊犬》的章节）。但是，由于犬种的登记制度，两种社团通常都只登记被他们认可的血统且只承认纯种犬。

少涉及追逐、聚拢、冲击、跟随和抓咬游戏。如果它们开始与家畜或在彼此之间玩这种游戏，牧羊犬就会阻止它们。没有被阻止的那些不会留在家畜护卫犬的基因库中。工作中的家畜护卫犬会向幼犬传授经验。如果没有传授，有见识的人类就必须帮助孤独的幼犬或老犬学习如何成为一只出色的护卫犬，否则就会在忽视中让幼犬陷入失败的境地。

家畜护卫犬往往是不合格的寻回犬，它们的生物社会偏向和成长经历使它们对高度服从性竞赛的诱惑充耳不闻。但是，在复杂的历史生态环境中，它们的独立决策能力令人印象深刻。家畜护卫犬帮助母羊分娩并将新生小羊舔得干干净净的故事，戏剧性地体现了家畜护卫犬与职责之间的密切关系。像大白熊犬这样的家畜护卫犬可能白天在羊群中闲逛，晚上则在羊群中巡逻，快乐地警惕着麻烦的发生。

家畜护卫犬和牧羊犬学习事物的难易程度往往不同。这两种狗都无法真正学会做自己的核心工作，更不用说其他狗的工作了。狗的功能性行为和态度可以而且必须加以引导和鼓励，从这个意义上说，就是要训练，但如果一条狗在追逐和聚拢中得不到什么乐趣，而且对与人合作也没有浓厚兴趣，那么它就不会懂得如何娴熟地放牧。牧羊犬从幼犬时期起就有很强的掠食欲望。与人类放牧者和他们的食草动物一起"编舞",这种掠食模式的可控部分(除去杀戮和肢解的部分)正是放牧的本质。同样,面对一只对领地缺乏热情、对入侵者缺乏怀疑、对社会关系缺乏兴趣的狗,即使使用世界上最大的响片,也无法从头开始教其如何思考这些问题。

在欧洲,至少从罗马时代起,大型白色护卫犬就开始看护羊群。几个世纪以来,法国的记载中一直有大型白色护卫犬的身影。1885年至1886年,伦敦的犬业俱乐部登记了大白熊犬。1909年,第一批大白熊犬被带到英格兰进行繁殖。在1897年出版的伟大百科全书《狗的种类》(*Les races des chiens*)中,亨利·德·比兰特伯爵(Comte Henri de Bylandt)用数页篇幅描述了大白熊护卫犬。1907年,两群法国爱狗人士在卢尔德(Lourdes)和阿热莱斯(Argeles)成立了对立的俱乐部,分别购买他们认为值得拥有的"纯种"山地犬。资本主义现代化和阶级形态使农牧民的生活方式变得几乎不可能,却又以农牧民和他们的动物被浪漫地理想化为特征,因此纯正血统和高贵的话语就像亡灵一样缠绕着现代犬种。

第一次世界大战摧毁了法国的两个俱乐部和大部分狗。战争和经济萧条使山区的工作护卫犬饱受摧残。但是,早在 19 世纪末，由于熊和狼的绝迹，它们已经失去了大部分工作。大白熊犬更有可能成为土狗，被卖给游客和收藏家，而不是从事看护羊群的工作。1927 年，外交官、犬展裁判、饲养员、比利牛斯山本地人贝尔纳·塞纳克-拉格朗日（Bernard Senac-Lagrange）与仅存的几位爱犬人士一起成立了"大白熊犬爱犬联盟"（Réunion des Amateurs de Chiens Pyreneans），并为其撰写了描述，该描述一直是现行标准的基础。

20 世纪 30 年代，马萨诸塞州"巴斯夸里犬舍"（Basquaerie Kennels）的玛丽·克莱恩（Mary Crane）和英国"德方特奈犬舍"（De Fontenay Kennel）的让娜·哈珀·特鲁瓦·方丹（Jeanne Harper Trois Fontaine）夫人这两位贵妇开始认真收集大白熊犬，并将许多犬只带出法国。1933 年，"美国犬业俱乐部"（American Kennel Club）承认了大白熊犬。第二次世界大战对比利牛斯地区仅存的大白熊犬造成了巨大损失，法国和北欧登记注册的大部分大白熊犬都被消灭了。研究大白熊犬的历史学家们试图弄清楚玛丽·克莱恩、哈珀夫人和其他少数人从村民和爱狗人士那里购买了多少只狗，并探询这些狗之间的亲缘关系有多密切以及哪些留下了后代。以任何持续的方式对美国大白熊犬基因库有贡献的狗少至 30 只，其中许多有亲缘关系。到第二次世界大战结束时，世界上只有英国和美国的大白熊犬种群具有相当规模，尽管该犬种后来在法国和北欧得到恢复，美国和欧洲的饲养员之间也进行了一些交流。大白熊犬之所以能够继续存在，主要归功于热衷犬展的爱好者和饲养员。从 1931 年玛丽·克莱恩开始收集大白熊犬，一直到 20 世纪 70 年代，美国的大白熊犬几乎没有担任过家畜护卫犬的工作。

在 20 世纪 70 年代初，随着美国西部出现了新的控制掠食者的方法，这种情况发生了变化。放养的狗咬死了很多羊。郊狼也杀害了牲畜，它们也被牧场主凶残地毒杀、诱捕和射杀。凯瑟琳·德拉克鲁兹（Catherine de la Cruz）在 1967 年得到了她的第一只大白熊犬，一只参展母犬，名叫贝拉（Belle）。她在大白熊犬的培育方面受到了加州"首席教母"露丝·罗兹（Ruth Rhoades）的指导，露丝也曾指导过琳达·魏瑟尔。凯瑟琳住在索诺玛县（Sonoma County）的一个乳品农场。这种中产阶级、西海岸、大白熊犬的场景标志着这个品种文化和未来的重要差异。

1972 年，加州大学戴维斯分校（UC-Davis）的一位科学家打电话给德拉克鲁兹的母亲，谈论掠食者损失的问题。

图 5：1967 年 7 月，玛丽·克莱恩（左一）在加利福尼亚州圣芭芭拉举行的"美国大白熊犬俱乐部国家赛"（Great Pyrenees Club of America National Specialty Show）上。克莱恩夫人旁边的狗是阿曼德（Armand），它当天赢得了种犬级别的冠军。旁边是它的两个女儿——"小英"（Impy，获得了预备赛优胜母犬）和"小德"（Drifty，获得了最佳相对性别奖①）。琳达·魏瑟尔（Linda Weisser）是"小德"旁边的年轻女子，"小德"死后没有留下后代。"小英"是魏瑟尔的"我心目中的狗"，几乎所有美国西海岸的犬舍都有她的后代。阿曼德通过它的一个儿子，成为凯瑟琳·德拉克鲁兹牧场的工作犬的祖宗。照片由琳达·魏瑟尔和凯瑟琳·德拉克鲁兹提供。

---

① "Best of Opposite Sex"，指以最佳犬种奖得主的性别为依据，选出与其性别相对的最佳者，授予最佳相对性别奖。

这所农业综合企业（agribusiness）研究型大学和美国农业部开始认真考虑无毒控制掠食者的方法。[1] 环境和动物权利活动家们在公众意识和国家政策中发出了自己的声音，包括联邦政府对使用毒药杀死掠食者的限制。德拉克鲁兹的贝拉在犬展间隙和奶牛们一起玩耍，那个牧场从未遇到过掠食者。德拉克鲁兹说："她的脑袋里亮起了一盏明灯。"《大白熊犬标准》（*Great Pyrenees Standard*）描述了大白熊犬保护羊群免受熊和狼袭击的情况，不过这更多是犬展爱好者的象征性叙述，而不是他们任何人的所见所闻。无论标准还包含什么别的内容，一个制度化品种的书面标准都与理想类型和起源叙事有关。德拉克鲁兹在她自己的起源故事中说，她开始认为，她所了解的大白熊犬或许可以保护牛羊免受狗和郊狼的伤害。

德拉克鲁兹将一些幼犬送给了她认识的加利福尼亚北部牧羊人。从那以后，她和其他几位大白熊犬饲养员（包括魏瑟尔）将大白熊犬（包括一些成年犬）安置在牧场，并努力研究如何帮助大白熊犬成为有效的"掠食者控制犬"

---

[1] "农业综合企业"的概念指与农业生产相关的商业活动。它涵盖了整个农产品的生产、加工和分销链，从种子和农药的供应，到农作物和动物的种植和饲养，再到产品的加工和分销。同时，企业通过使用现代技术、科研条件、管理方法和市场策略来实现商业目的。

（Predator Control Dogs，这是当时的叫法）。奶牛场改成了牧羊场，德拉克鲁兹成为羊毛养殖者协会的一员。20世纪70年代末，她遇到了玛格丽特·霍夫曼（Margaret Hoffman），这是一位活跃在羊毛种植者团体中的妇女，她希望养狗来驱赶郊狼。霍夫曼从德拉克鲁兹那里得到了"雪宝"（Sno-Bear），繁育了更多的狗，并将它们完全安置在工作家庭中。在2002年11月接受我的一次采访时，德拉克鲁兹谈到"犯了所有可能的错误"，她尝试了工作犬的社会化和护理，与牧场主保持密切联系，并与加州大学戴维斯分校和农业部人员合作开展研究和安置工作。

20世纪80年代，琳达·魏瑟尔和伊夫琳·斯图尔特（Evelyn Stuart）是"美国大白熊犬俱乐部"（Great Pyrenees Club of America）标准修订委员会的成员之一，她们确保功能型工作犬在标准中占据显著位置。到了20世纪80年代，德拉克鲁兹仍在犬展（conformation）中展示犬只，并在全国各地安置工作犬。有几只狗从牧场来到犬展，洗个澡，赢得冠军，然后又继续投入工作。"两用犬"（dual purpose dog）成为大白熊犬育种和犬种教育的道德和实践理想。为实现这一理想而进行的指导工作涉及各种劳动实践（而且它们是劳动密集型的），包括管理高质量的互联网邮件名单服务（Internet listservs），比如"家畜护卫犬讨论名单"和"大白熊犬讨论名单"的家畜看护主题部分。业余专家、志愿者劳动和实践社群的合作至关重要。同样重要的是，在美国，每只投身工作的大白熊犬都有长达 40 多年的宠物和犬展的家史。伴侣物种和涌现的自然文化随处可见。

从 20 世纪 70 年代中期开始，杰弗里·格林（Jeffrey Green），以及位于爱达荷州杜波依斯（Dubois）美国农业部"绵羊试验站"（US Sheep Experiment Station）的罗杰·伍德拉夫（Roger Woodruff），都先后成为这个故事的关键人物。他们的第一只护卫犬是一只可蒙犬（Komondor，源于匈牙利），之后他们又与阿卡巴士犬（Akbash，源于土耳其）和大白熊犬合作。[①] 为我提供大白熊犬资料的人在谈到这些人时都非常尊敬。在敦促牧场主试用护卫犬的同时，美国农业部的人还寻求饲养员的帮助，并将他们视为同事。例如，1984 年在萨克拉门托（Sacramento）举行的"美国大白熊犬俱乐部国家赛"上，伍德拉夫和格林举办了一场关于家畜护卫犬的特别研讨会。关于工作用家畜护卫

---

① 可蒙犬又称匈牙利牧羊犬，是一种古老的犬种，因为毛发很长，像拖把，所以俗称"拖把狗"。阿卡巴士犬源于土耳其，在古代西土耳其地区一直被用于看护。

犬在北美重新崛起的另一个故事是，哈尔·布莱克（Hal Black）在20世纪80年代初对纳瓦霍人使用杂种犬牧羊的有效做法进行了研究，以便为其他牧场主提供借鉴。

牧场主的再教育是美国农业部项目的重要组成部分，大白熊犬的饲养员积极地参与了这一过程。在以科学为基础的"赠地大学"和农业综合企业的现代化意识形态的熏陶下，牧场主往往认为狗是过时的，而商业化的毒药则是进步和有利可图的。养狗不是一蹴而就的事，需要改变劳动方式，投入时间和金钱。帮助牧场主作出改变的努力已在一定程度上获得了成功。

1987年和1988年，美国农业部项目从美国各地购买了约一百只护卫犬幼犬，其中大部分是大白熊犬。美国农业部的科学家们同意了育种会人员的坚持，对通过该项目安置的犬只不论雌雄都做了绝育手术，这至少使这些犬只远离了幼犬繁殖工厂（puppy mill）的繁殖和其他繁殖行为——俱乐部人员认为这些行为对犬只的福祉和遗传健康有害。[①]
为了降低工作犬髋关节发育不良的风险，所有幼犬的父母

---

① 幼犬繁殖工厂是单纯为了盈利或饲养宠物犬等目的建立的犬只繁殖机构，在那里，狗的福利和健康往往被忽视，它们通常在恶劣的环境中被饲养，缺乏基本的医疗照顾、互动和锻炼。

图 6：正在学习工作的大白熊犬幼犬。照片由琳达·魏瑟尔提供。

都要通过 X 光检查髋关节。到 20 世纪 80 年代末，研究显示超过 80% 的牧场主认为他们的护卫犬，尤其是大白熊犬是一种经济资产。到 2002 年，全美已有数千只大白熊犬负责保护绵羊、骆马、牛、山羊和鸵鸟。

雷蒙·科平杰和洛娜·科平杰夫妇以及他们在汉普郡学院（Hampshire College）"新英格兰农场中心"（New England Farm Center）的同事，从 20 世纪 70 年代末自土耳其引进安纳托利亚牧羊犬开始，也进行了研究，并在美国农场和牧场安置了数百只家畜护卫犬。雷蒙科平杰的博士学位所涉专业可追溯到牛津大学尼科·廷贝亨（Niko Tinbergen）[1]的动物行为学，科平杰夫妇还认真涉猎过雪橇犬比赛。与我在故事中强调的非专业饲养员相比，科平杰夫妇一直更受公众关注，也更为科学家所熟知，而不只是为直接参与家畜护卫犬工作的人所熟知。与像我一样的大白熊犬饲养员所持的护卫犬观点相比，科平杰夫妇在很多方面都持有异议。汉普郡学院项目没有对他们安置的狗进行绝育。他们认为，成熟期的社会环境是塑造有效护卫犬的唯一关键因素，因此他们一般不会认真对待品种分化。

---

① 尼科·廷贝亨（1907—1988）是著名的荷兰动物行为学家与鸟类学家，曾因研究动物个体和群体行为获得 1973 年诺贝尔生理学或医学奖。

汉普郡项目安置的是年龄较小的幼犬，教授的是对生物社会发育和遗传行为偏向的不同看法，对人和狗的指导也有不同的处理方式。

大多数大白熊犬饲养员都不与科平杰夫妇合作，双方从一开始就互相充满敌意。事实上，在育种会的伦理态度很强硬的地方，科平杰夫妇几乎没有机会接触到大白熊犬。我无法在此评估这些分歧，读者可以在《狗》一书中找到科平杰夫妇的观点。但是，这本书没有提到大白熊犬饲养员，没有提到这些饲养员从一开始就在着手安置家畜护卫犬，并与杰夫·格林和罗杰·伍德拉夫合作。读者能通过1990年美国农业部的出版物了解到，1986年，爱达荷大学调查了400人，涉及763只狗，其中大白熊犬占了57%。但是，《狗》的读者不会从这本书中知晓这件事。在爱达荷大学的这项研究中，大白熊犬和可蒙犬（这个犬种的饲养员也没有为汉普郡项目作出贡献）占工作用家畜护卫犬的75%。这项研究和其他研究表明，在所有犬种中，大白熊犬的工作成功率往往最高，包括减少咬人和伤害牲畜的几率。在一项涉及59只一岁大白熊犬和26只一岁安纳托利亚牧羊犬的研究中，83%的大白熊犬获得了"良好"的分数，而只有26%的安纳托利亚牧羊犬获得该成绩。

巴斯克地区的大白熊犬由于农牧经济受挫被引入了美国，它们在纯种犬的幻想中被养育长大，如今在美国西部的牧场上保护盎格鲁牧场主的异种牛羊；这些牛羊生活在平原印第安人曾经骑着西班牙马猎杀过水牛的草原栖息地，那里天然牧草极少幸存下来；研究表明，当代印第安保留地（reservation）中的纳瓦霍人的牧羊文化起源于西班牙的征服和传教——这些足以为任何伴侣物种宣言提出历史的讽刺。事情还没完。在比利牛斯山区和美国西部国家公园中，人们努力把两种绝迹的掠食性物种从害兽的地位恢复成为自然野生动物和旅游热点，这将进一步把我们带进复杂的困局。

美国的《濒危物种法案》（*The Endangered Species Act*）规定，内政部有权在灰狼以前的分布区重新引进灰狼，比如黄石国家公园。1995年，14只加拿大狼被放归黄石国家公园，当时这里正值美国麋鹿和水牛数量最多的时候。迁徙的加拿大狼凭借自己的行动开始在蒙大拿州现身。1995年至1996年，爱达荷州和怀俄明州又放归了52只狼。2002年，大约有700只狼生活在落基山脉北部。总体来说，尽管牧场主们的牲畜损失得到了全额的金钱补偿，而且内政部"鱼类和野生动物管理局"（Fish and Wildlife

Service）也清除或捕杀了杀戮牲畜的狼，但他们仍然没有与狼和解。根据吉姆·罗宾斯（Jim Robbins）2002 年 12 月 17 日在《纽约时报》（D3 版）上的报道，20% 受到严格管理的狼佩戴了电子监控项圈。郊狼的数量减少了，因为狼杀死了它们。麋鹿数量也减少了。这让猎人很不高兴，但生态学家却很高兴，因为他们担心食草动物失去掠食者后会造成破坏。游客和为他们提供服务的企业则非常高兴。在怀俄明州拉马尔山谷（Lamar Valley）的驱车观兽活动的记录中，有超过 10 万名游客看到了狼。没有游客被狼咬死，但 2002 年的全国数据显示，有 200 头牛、500 只羊、7 匹美洲驼、1 匹马和 43 只狗被狼咬死。这 43 只狗都是什么狗呢？

其中有些是准备不足的大白熊犬。内政部违背牧场主的意愿，在黄石国家公园释放狼群，也没有与爱达荷州农业部负责家畜护卫犬的人员进行协调。我怀疑他们甚至没有想过与有见识的大白熊犬饲养员进行沟通，这些饲养员都是中老年白人妇女，她们会在比赛中展示自己漂亮的大白熊犬。内政部和农业部在技术科学文化（technoscientific culture）方面有着天壤之别。狼群越出了公园的边界。狼、牲畜和狗都被白白杀死了。野生动物保护官员已经杀死了超过 125 只不听话的狼，牧场主非法射杀的狼至少要再多几十只。野生动物保护主义者、游客、牧场主、官员和社区两极分化，其实没必要走到这一步。从一开始，人类和非人类之间就需要全方位地建立更好的伴侣物种关系。

狗具有社会性和领地性，狼也具有社会性和领地性。经验丰富的家畜护卫犬在足够大的固定群体中或许能够阻止北方灰狼掠食牲畜。但是，在狼已经在某地建立据点之后再引入大白熊犬，或使用数量过少且经验不足的犬只，这对于两种犬科动物来说无疑都是灾难，也很不利于将野生动物和牧场伦理结合起来。"野生动物保护者"（Defenders of Wildlife）组织为那些因狼损失家畜的牧场主购买了大白熊犬。狼似乎把狗当作入侵自己领地的竞争者，主动接近并杀死狗。让狼尊重有组织的狗的做法并没有实行。要让家畜护卫犬成为狼群繁盛和"牧场主—环境保护主义联盟"的有效参与者，现在可能为时已晚。也许当大白熊犬在夜里要被保护在室内时，就只有狼群能控制郊狼了。

同时，恢复生态学（restoration ecology）也有欧洲的例子。在比利牛斯山脉，法国政府从斯洛伐克引入了欧洲棕熊，以填补因杀死先前的"熊居民"而留下的生态位——后共产主义时期的斯洛伐克旅游业通过推广观熊活动赚了一大笔钱。法国的大白熊犬爱好者，比如"维斯科峰犬舍"（Du Pic de Viscos）的山羊养殖户贝努瓦·科肯波（Benoit Cockenpot），努力让大白熊犬回到山里，告诉斯洛伐克熊什么才是后现代正确的物的秩序。法国的大白熊犬爱好者正在向美国同行学习如何饲养工作用家畜护卫犬。法国政府为农民提供一只免费的护卫犬。然而，农民因掠食者损失的动物可以获得保险补偿，这比日常照顾狗更有吸引力。与驱赶熊相比，护卫犬更难抗衡的是保险机构。

在多物种保护区和农场政治之外，大白熊犬一直是出色的表演犬和宠物。然而，越来越多的大白熊犬成为工作犬和宠物，这意味着它已经大规模脱离了育种会的控制，更不用说摆脱了可行的农牧经济的控制，转而进入了商业化的幼犬生产和后院繁育（backyard breeding）的地狱和地狱边缘。[①] 对健康的漠视，对行为、社会化和训练的无知，以及残酷的饲养条件都司空见惯了。在育种会内部，对于什么是负责任的繁殖，尤其是当纯种犬的遗传多样性

---

① "后院繁育"指的是那些非专业、通常无经验，并且对犬种的特点、健康状况和需求了解不多的人们在家中随意繁殖宠物，主要出于经济利益或其他非专业的原因。这种繁殖往往不注重狗的健康、遗传疾病、品种标准或动物福利，而是仅仅为了生产和出售更多的小狗。

和种群遗传学这些难以解答的话题成为议题时，争议更是此起彼伏。众所周知，过度使用受欢迎的种犬、对犬只的问题保密、一味追求表演赛冠军而牺牲其他价值，这些做法都会危害犬只。太多人仍在这样做。对狗的爱不允许做这样的事，而在我的研究中，我遇到了许多这样的爱狗人士。这些人在狗生活的所有地方，包括在农场、实验室、狗展、家里等各处都会亲力亲为地深入了解狗。我希望他们的爱能够发扬光大，这也是我写作的原因之一。

澳大利亚牧羊犬

与大白熊犬一样，在美国，被称为"澳大利亚牧羊犬"的牧羊犬种也会产生许多复杂的问题。我只略述其中几个。我的观点很简单，了解这些狗并与它们生活在一起，就意味着承接所有使他们存在的条件，承接与这些生命建立实际关系的所有因素，承接构成伴侣物种的所有摄受（prehensions）。在多个尺度上，在地方和全球的多个层面上，在不断延伸的网络中，爱意味着与世界相连，意味着与意义重大的他性和指示意义的他者联系在一起。我想知道，如何与我逐渐了解的历史共存。

关于澳大利亚牧羊犬的起源，只有一件确定的事，那就是没有人知道这个名字是怎么来的，也没有人完全知道这些天才牧羊犬的祖先中有哪些犬种。也许最确定的是，这种狗应该被称为"美国西部牧场犬"（United States

Western Ranch Dog）。不是"美洲"（American），而是"美国"（United States）。让我来解释一下为什么这很重要，尤其鉴于大多数（但远非全部）的祖先可能都是柯利牧羊犬的变种，它们从殖民时代早期就随主人从英伦三岛移居到北美东海岸。加利福尼亚"淘金热"和"南北战争"的余波是我所在地区民族国家故事的关键。这些史诗般的事件使美国西部成为美国的一部分。在"小辣椒"、罗兰和我进行敏捷训练和从事口唇行为时，我不想承接这些暴力的历史。这是我必须讲述它们的原因。伴侣物种无法承受进化的、个体的或历史的失忆（amnesia）。失忆会腐蚀符号和肉体，让爱变得渺小。如果我讲述"淘金热"和"南北战争"的故事，也许我就能记住狗和它们主人的其他故事，这些故事关乎移民、原住民的世界、工作、希望、爱和游戏，以及通过重新思考主权和生态发育的自然文化来实现共居的可能性。

按照关于澳大利亚牧羊犬起源的浪漫故事，19世纪末至20世纪初，巴斯克牧民带着他们的蓝灰色小苏格兰牧羊犬（merle）搭乘最廉价的船舱，途经澳大利亚，他们在那里牧养来自西班牙的美利奴（Merino）绵羊，又前往加利福尼亚和内华达的牧场，在永恒的西部田园牧绵羊。这就是关于澳大利亚牧羊犬的浪漫起源故事。"搭乘最廉价的船舱"（in steerage）露出破绽。搭乘最廉价船舱的工人阶级根本不被允许带着他们的狗去澳大利亚或加利福尼亚。此外，移民到澳大利亚的巴斯克人不是牧民，而是甘蔗工人，而且他们去澳大利亚和新西兰（Down Under）是 20 世纪才发生的事。巴斯克人从前不都是牧羊人，19 世纪，他们随着数百万渴望淘金的人来到加利福尼亚，有时候途经南美和墨西哥，最后通过牧绵羊养活其他失望的矿工。巴斯克人还在内华达州的公路旁开设了以羊肉菜肴为主的大餐馆，这些公路在二战后成了州际公路。巴斯克人从当地的工作牧羊犬中挑选牧绵羊的犬只，这些牧羊犬的品种最保守地讲也是相当杂的。

西班牙传教团想通过牧绵羊来使印第安人文明化，但琳达·罗瑞姆（Linda Rorem）在她写于网上的澳大利亚牧羊犬的历史中指出，到了 19 世纪 40 年代，西部偏远地区的绵羊数量（更不用说原住民了）已经大大减少。黄金的发现彻底并永久地改变了该地区的食物经济、政治和生态。运输大批羊群的方式包括，从东海岸绕过合恩角（Horn）航行而来，从中西部和新墨西哥州陆路运输，以及从"附近"拥有殖民牧业经济的白人定居者殖民地——澳大利亚海运过来。①这些绵羊中有许多是美利奴羊，原产于西班牙，但经由德国来到澳大利亚，因为它们是西班牙国王赠送给萨克森州（Saxony）的礼物，萨克森州在殖民时期发展了繁荣的绵羊出口贸易。

从"淘金热"开始的历程在"南北战争"的余波中结束了，这时大量英裔（和一些非裔美国人）定居者涌入西部，对美洲原住民进行军事摧毁和遏制，并将从墨西哥人、加利福尼奥人（Californios）和印第安人手中剥夺的土地进行合并。②

所有这些绵羊群的迁移也意味着牧羊犬的迁移。这些牧羊犬并不是旧时欧亚牧业经济中的护卫犬，后者有固定的市场路线、季节性牧场，与当地的熊和狼共存——尽管它们的数量已经严重减少。澳大利亚和美国的定居者殖民地对自然掠食者采取了更加强硬的态度，在昆士兰的大部分地区修建围栏以阻挡野狗，在美国西部地区诱捕、毒杀和射杀任何行走在地上的犬齿发达的动物。直到这些手段在有影响力的环保运动的"酷儿时代"被视作非法手段之

---

① 在 1914 年巴拿马运河落成之前，船只来往于大西洋和太平洋之间需要途径南美洲最南端的合恩角。

② 加利福尼奥人指 19 世纪加利福尼亚墨西哥统治时期的西班牙裔居民。

图 7：贝雷特（Beret）的"多贡的勇气"（Dogon Grit）赢得了"在羊群中脱颖而出"奖，2002 年"美国澳大利亚牧羊犬俱乐部全国家畜犬决赛"（Australian Shepherd Club of America National Stock Dog Finals），加利福尼亚州贝克斯菲尔德（Bakersfield）。照片由 Glo Photo 和盖尔·奥克斯福德（Gayle Oxford）提供。

后，护卫犬才出现在美国西部的绵羊经济中。

与来自东海岸和澳大利亚的绵羊群同行的牧羊犬主要是古老的工作柯利犬／牧羊犬类型。它们（若干个犬业俱乐部品种由此而来）体格健壮、用途广泛，有着"松弛的眼神"和挺拔的工作姿势，而不是像经过牧羊比赛选拔出来的边境-柯利牧羊犬那样，眼神坚毅，姿态蹲伏。从澳大利亚来到美国西部的狗中，有一种常带有深色斑点的"德国柯利牧羊犬"（German Coulies），它们看起来很像现代的澳大利亚牧羊犬。这些狗源自英国，是万能的牧羊犬，之所以被冠以"德国"之名，是因为在澳大利亚的德国移民居住的地区，这种狗十分常见。外形酷似当代澳大利亚牧羊犬的狗，可能很早就因与从澳大利亚和新西兰乘船抵达的羊群联系在一起而得名，无论这些狗是否随船而来。或者，这个命名与后来迁入的狗有关，这些类型的狗可能在第一次世界大战以后才开始被称为"澳大利亚牧羊犬"。关于它们的书面记录很稀少。在很长一段时间里，人们都看不到"纯种犬"。

不过，20 世纪 40 年代，加利福尼亚、华盛顿、俄勒冈、科罗拉多和亚利桑那等州出现了多个可识别的牧羊犬种系，这些种系从 1956 年开始成为登记的澳大利亚牧羊犬。直到 20 世纪 70 年代中后期，登记才开始普及。当时，澳大利亚牧羊犬的种类仍然十分繁多，其风格与特定的家庭和牧场有关。奇妙的是，爱达荷州一位名叫杰伊·西斯勒（Jay Sisler）的牛仔竞技表演者也参与了将某种狗塑造成当代犬种的故事，这个犬种最后有了关于它的俱乐部和政治活动。20 多年来，西斯勒的"蓝犬"（blue dogs）一直是牛仔竞技表演中的热门节目。他知晓这些狗的大部分父母，但这只达到了谱系学最初始的深度。西斯勒从不同的牧场主那里得到了他的狗，其中几只澳大利亚牧羊犬成为这一品种的基础犬。在"小辣椒"的十代血统中，2 046 位祖先中有 1 371 只狗已被确认，其中有 7 只西斯勒的狗。（在她的 20 代祖先谱系中，一百多万个祖先中已知的有 6 170 个，其中许多叫"雷丁牧场犬"[Redding Ranch Dog] 和"蓝犬"之类的名字，这留下了一些空白。）

西斯勒是薇姬·赫恩会喜欢的那种出色的训练师，他在 1945 年左右得到的"基诺"（Keno）被他视为第一只真正的好狗。基诺为后来的澳大利亚犬种贡献了后代。但是，对目前的澳大利亚犬种影响最大（祖源百分比）的西斯勒的狗是"约翰"（John），这是一只来历不明的狗，有一天它游荡到西斯勒的牧场，就这样进入了书面的世系。这类

"基础犬"的故事还有很多。它们都可以成为思考伴侣物种、思考传统的发明（invention of tradition）的缩影，这种传统的发明既作用于肉体，又作用于文本。

专门关注澳大利亚牧羊犬的俱乐部——"美国澳大利亚牧羊犬俱乐部"（Australian Shepherd Club of America）于1957年由一小群爱狗人士在图森（Tucson）成立。该俱乐部于1961年制定了初步标准，于1977年制定了明确的标准，并于1971年建立了自己的育种会登记机构。1969年，该俱乐部的"牧犬委员会"（Stock Dog Committee）成立，组织了畜牧比赛并颁发了证书。工作牧场犬也开始接受大量的再教育，以适应比赛。体型比赛和其他活动变得非常受欢迎，很多澳大利亚牧羊犬的饲养员认为加入"美国犬业俱乐部"将是下一步要做的事。另一些澳大利亚牧羊犬的饲养员认为，"美国犬业俱乐部"的认可会让一切工作犬种走上毁灭之路。支持"美国犬业俱乐部"的人士于是脱离出来，成立了他们自己的协会，即"美国澳大利亚牧羊犬协会"（United States Australian Shepherd Association），该协会在1993年获得了"美国犬业俱乐部"的全面认可。

现代犬种的所有生物社会机制应运而生——包括精明

的非专业健康和遗传学活动家、研究犬种常见疾病的科学家（或许还成立了公司来营销由此产生的兽医生物医药产品）、以澳大利亚牧羊犬为主题的小型企业、热衷于犬类敏捷运动和服从运动的表演者、郊区周末和乡村牧场的牧犬竞赛选手、搜救工作者、治疗犬及其主人、致力于维护他们所承接的多用途犬的饲养员、迷恋未经检验其放牧天赋的长毛表演犬的其他饲养员，等等。C.A.夏普（C. A. Sharp）在厨房餐桌上完成了《双螺旋网络新闻》(*Double Helix Network News*)，她还帮助创建了"澳大利亚牧羊犬健康与遗传研究所"（Australian Shepherd Health & Genetics Institute），更有她对自己身为饲养员的做法的反思，以及她在自己饲养的最后一只狗去世后领养了一只很小的澳大利亚救援犬——对我来说，这体现了从一个犬种的历史复杂性出发并由此生发了对它的热爱。

"小辣椒"的饲养员——加利福尼亚中央谷地（Central Valley）的盖尔·奥克斯福德（Gayle Oxford）和香农·奥克斯福德（Shannon Oxford）夫妇积极参加"美国澳大利亚牧羊犬协会"和"美国澳大利亚牧羊犬俱乐部"的活动。奥克斯福德夫妇致力于繁育和训练工作牧羊犬，同时也参加品种符合度和敏捷性比赛，他们教会了我什么叫"多用途的澳大利亚牧羊犬"，我认为这类似于大白熊犬的主人关于"双重用途"或"全面犬"的话语。这些习语的作用是防止犬种分裂成更加孤立的基因库，每个基因库都致力于专门且有限的目标，无论是敏捷运动、美貌还是其他。然而，澳大利亚牧羊犬的基石仍然是精湛的放牧能力。如果"多用途"不由此生发，那么这个工作犬品种将无法生存下去。

自己的类别

　　任何从事过历史研究的人都知道，与血统清晰者相比，无记录者往往更能说明世界的组成方式。在技术文化中，人类与"未登记"（unregistered）狗之间的当代伴侣物种关系如何能教我们既在历史中"延续"（或许更好的说法是在历史中"栖居"），同时又开创新的可能性呢？这些狗需要"自己的类别"（A Category of One's Own），向弗吉尼亚·伍尔夫（Virginia Woolf）致敬。作为著名的女权主义小书《一个人自己的房间》（*A Room of One's Own*）的作者，伍尔夫明白，当那些"道德败坏的人"在"正式注册的"草坪上闲逛时会发生什么。她也理解当这些被标记（并留下标记）的生物获得证书和收入时，会发生什么。

　　有关"未登记"的丑闻会引起我的注意，尤其是那些涉及所有相关物种的种族化的性（racialized sex）与性化的种族（sexualized race）的丑闻。即使我只谈美国的情况，我应该如何称呼那些完全没有分类的狗？是叫它们杂种狗（mutts）、混血狗（mongrels）、老美狗（All-Americans）、胡乱繁殖的狗（random bred dog）、"57 个品种"（Heinz 57）[①]、混血品种（mixed breeds），还是就叫它们"狗"？为什么美国的狗分类应该是英文的？且不说"美洲"，美国也是一个高度多语言的世界。之前，当我关注大白熊犬和澳大利亚牧羊犬时，我用了几个毛茸茸的狗的故事来提出现代品种在继承当地和全球历史中的难题。同样，我无法在这里着手探索所有那些既不属于某种功能类别，也不属于某种制度化品种的狗的历史。所以我只想分享一个故事，但这个故事每次被重述时都会进一步深入到世界复杂性的网络中。我将跟你们讲讲关于"流浪杂种狗"（Satos）的故事。

在波多黎各，"流浪杂种狗"是街头流浪狗的俚语。我从两处了解到这一事实——互联网（www.saveasato.org）

[①] "57 个品种"的原文直译为"亨氏 57"，这是美国广告业的一句俚语。这个表达源自美国食品巨头"亨氏"（H. J. Heinz Company），这家公司在广告中宣称提供"57 种"（"57 varieties"）产品，包括调味品和其他食品。尽管该公司提供的产品数量远超 57 种，但这一数字成为今天的品牌标志。

和特威格·莫厄特（Twig Mowatt）在光鲜亮丽的狗文化杂志《汪汪》2002 年秋季号上发表的感人文章。这两处都让我深深地陷入了被礼貌地称为"现代化"的自然文化中。"流浪杂种狗"是我在这两处学到的唯一一个西班牙语单词，这使我意识到了在狗的世界的这片区域中符号学和物质交流的方向。我还发现，在从南方"发展中的世界"（developing world）的艰苦街道到开明北方的"永远的家"（forever homes）的过程中，"流浪杂种狗"在词汇用法习惯上是大写的，在金钱投资方面是资本化的。①

至少同样重要的是，我发现自己在心灵和情感上都被询唤进入这个故事。我不能因为它带有种族色彩、性色彩、阶级色彩以及殖民色彩和结构而否认它的存在。我在宣言中反复强调，我和我的人民需要学会栖居在历史中，而不是否认历史，尤其不要诉诸清教徒式批判的廉价伎俩。在"流浪杂种狗"的故事中，有两种表面上对立的诱惑会通向清教徒式批判。第一种是沉溺于殖民主义的多愁善感，只看到在将狗从波多黎各街头运往美国的无杀死动物收容所，

---

① 原文中的"大写"或"资本化"（capitalized）有多重含义。首先，"capitalized"指的是词汇上的"大写"，即"Satos"这个词在文本中以首字母大写形式出现。其次，"capitalized"指的是从经济和商业角度上的"资本化"。

再从那里运往合适家庭的过程中，对受虐动物的慈善救助（或者说对狗的爱？）。[①] 第二种是沉溺于历史结构分析，否认情感纽带和物质的复杂性，从而忽视在可能跨过多种差异来改善生活的行动中那种总是混乱的参与。

1996年，圣胡安（San Juan）的航空公司员工尚塔尔·罗布尔斯（Chantal Robles）与从阿肯色州来波多黎各岛上旅游的凯伦·费伦巴赫（Karen Fehrenbach）合作成立了"拯救流浪杂种狗基金会"（Save-a-Sato Foundation）。自那以来，已有大约一万只波多黎各狗从街头生活过渡到郊区居民的家中。促使他们采取行动的事实令人触目惊心。在波多黎各的贫困社区、建筑工地、垃圾场、加油站、快餐店停车场和毒品销售区，数百万只可生育的、通常患有疾病的饿狗在觅食和寻找栖身之所。这些狗有农村的，也有城市的，有大也有小，有的可以被识别为来自制度化的品种，也有的显然根本没有品种。它们大多很年轻——野狗的年龄一般不会太大，而且有很多幼犬，有的是被人遗弃的，

---

① "慈善"（philanthropic）一词的本意是"对人类的爱"，来自古希腊词汇*"philanthropia"*，其中*"philo-"*意为"爱"，而*"anthropos"*意为"人类"。哈拉维发明了另一个相似的词汇来与"对人类的爱"并置，以表示"对狗的爱"（philocanidic），其中"canid"意为"犬科哺乳动物"。

有的是街头母狗所生。波多黎各的官方动物收容所主要捕杀弃养给他们的猫狗或在清理时收集的猫狗。有时，这些被清理的动物是有主人的，有人照料，但它们的生活很艰难，很容易遭到投诉和官方清理。市政收容所的条件堪称动物权利的"恐怖秀"。

当然，波多黎各有很多各种各样的狗，它们都得到了很好的照顾。穷人和富人都珍爱动物。但是，如果人们遗弃了一只狗，他们更愿意将其放生，而不是将其送到资金不足、人员配备差的"收容所"。此外，为猫狗绝育这种基于阶级、民族和文化的动物福利伦理在波多黎各（以及欧洲大部分地区和美国许多地方）并不普遍。在波多黎各，强制绝育和生殖控制的历史非常波折，即使人们把历史记忆局限于针对非人类物种的政策，也是如此。至少，除了那些由负责任的饲养者（谁来评判？）照料的狗，"不育的狗才是好狗"的观念带我们撞上了大都会和殖民地的生命权力及其技术文化机制（apparatus）的世界。① 波多黎各

_____

① "机制"（或更常译作"装置"）是一个常见的文化研究术语，通常指社会、制度、结构或思想体系，它有助于构建、调整或稳固某种权力关系、社会规范或意识形态。福柯原本使用的词语是"*dispositif*"，指向一个更广泛的系统，涉及各种实体的互动，包括知识体系、法律、科学、哲学、行政和治理措施等。

既是大都会，也是殖民地。

但这些都不能抹杀一个事实，那就是繁殖力强的野狗会发生性行为，产下大量无力喂养的小狗，并在可怕的疾病中大批痛苦地死去。这不仅仅是一个故事。更糟糕的是，在波多黎各，那些糟烂的、喜欢虐待的人并不比美国少，他们来自社会各个阶层，或故意或漠不关心地对动物造成严重的精神和肉体伤害。和无家可归的人一样，无家可归的动物都是"自由贸易区"（free trade zones）的合法目标——或者说，是"自由开火区"（free fire zones）的猎物更贴切一些。

对我来说，罗布尔斯、费伦巴赫及其支持者采取的行动既鼓舞人心又令人不安。他们在圣胡安建立并经营了一个私人收容所，这个收容所主要充当着犬只通往多半是跨国领养之路的中途之家。（但波多黎各是美国的一部分，还是不是呢？）波多黎各对这些狗的需求很小，这不是一个自然事实，而是一个生命政治事实。任何考虑过跨国人类领养的人都知道这一点。"拯救流浪杂种狗基金会"筹集资金，培训志愿者将狗（和一些猫）带到收容所，以免它们受到进一步的伤害，组织波多黎各兽医免费为动物治疗和实施绝育，用"北方"特有的做法让未来的受领养者融入社会，为它们准备证件，并与航空公司协调，每周通过商业航班将大约30只狗运送到多个州的无杀死收容所网络中，这些收容所大多位于东北部。"9·11事件"之后，从圣胡安起飞的游客被招募去认领一箱箱出境的狗作为他们的个人行李，这样反恐机构就不会关闭救援管道。

基金会开设了一个英文网站，向潜在的领养者提供信息，并将支援小组与领养者联系起来，用该网站的说辞来说，就是将这些狗领养到"永远的家"（forever family）。网站上有很多成功领养的案例、领养前的恐怖故事、领养前和领养后的照片对比、采取行动和捐款的邀请、寻找"流浪杂种狗"来领养的信息，以及通往狗狗网络文化的有用链接。

波多黎各人每月至少救助五只狗，就可以成为"拯救流浪杂种狗基金会"的成员。志愿者大多自掏腰包支付一切费用。他们负责寻找、喂养和安抚狗，然后把它们塞进箱子，送往中途之家。拯救幼犬和低龄犬是首要任务，但并不是唯一的选择。生病而无法痊愈的狗会被安乐死，但许多严重受伤和生病的狗会康复并得到安置。各种各样的人都成为志愿者。网站上讲述了这样一个故事，一位领取社会保险金的老妇人自己也濒临无家可归的境地，她招募无家可归的人去安抚和收集狗，她从自己微薄的资金中为每个人支付五美元。了解这种故事的类型，也不会削弱它的影响力或真实性。网站上的照片似乎主要是波多黎各的中产阶级妇女，但"拯救流浪杂种狗基金会"并不只在狗身上显示出异质性。

飞机是一系列主体转换技术（subject-transforming technologies）中的一种工具。从飞机"肚子"卸下来的狗，服从一种与它们出生时不同的社会契约。然而，并不是任何波多黎各流浪狗都有可能从这个"铝制子宫"中获得"第二次生命"。就像人类生活中的女孩一样，体型较小的狗是狗领养市场的黄金标准。美国对"他者"攻击的恐惧几乎没有界限，当然也没有物种或性别的界限。为了进一步了解这一点，我们需要从机场前往位于马萨诸塞州斯特林（Sterling）的优秀收容所，自 1999 年加入该计划以来，这里已经安置了两千多只流浪杂种犬（和大约一百只猫）。我再一次在狗世界繁荣的网络文化中找到了自己的定位（www.sterlingshelter.org）。

一般而言，美国东北部的动物收容所中 10 磅至 35 磅的狗太少，无法满足需求。在美国，成为一只体型中等、经过绝育手术、来自救助站、乖巧听话的狗的主人（或

"监护人"），在大半个狗的世界中会有很高的地位。这种地位部分源于不向纯种犬世界中长期盛行的优生论低头的自豪感。但是，领养一只流浪狗或被遗弃的狗，无论是否是杂种狗，都很难让人摆脱根植于阶级和文化的"改良"意识形态、家庭生命政治和教育风气的泥潭。的确，优生学和其他"现代"生活的改良话语有如此多的共同祖先（和活着的兄弟姐妹），以至于近亲繁殖系数甚至超过了父女之间的结合。

收养来自收容所的狗需要做大量的工作、准备一大笔钱（但不及前期准备工作的开销），以及愿意服从管理机构的管理，这些管理多到足以触发任何福柯式的或普通自由意志主义者（libertarian）的过敏反应。我支持这种机制以及许多其他类型的制度化权力，以保护包括狗在内的各类主体。我还大力支持领养救援和收容所的动物。因此，当我意识到这一切的来源时，我必须忍受不适感，它并未得到缓解。

好的收容所会收到很多对"流浪杂种狗"的请求。有了这样的狗，人们就不会从宠物店购买，也就不会支持幼犬繁殖工厂。斯特林的收容所告诉我们，99%从美国送来的幼犬都是中大型犬，它们都被领养了。许多体型较大的幼犬和低龄犬都通过"归家猎犬计划"（Homebound Hounds Program）来到了斯特林的收容所，该计划从美国南部的合作收容所向东北部地区引进被遗弃的狗，而在南部地区，给猫狗绝育的伦理最保守地讲也是没有保障的。尽管如此，在国内市场上，寻找小型收容狗的人基本上都不走运。这些人的家庭扩展策略需要结合本地和全球的不同层面。然而，就像跨国领养儿童一样，想要领养进口的狗并非易事。详细的面谈和表格、家访、朋友和兽医的推荐信、对狗进行正确教育的承诺、现场训练员的辅导、房屋所有权证明或房东允许饲养宠物的书面文件，以及漫长的等待名单——凡此种种，都太正常了。目标是为狗狗们寻一个永久的家。

这种手段是一种建立亲情的机制，它以字面上各种可以想象的方式深入"家庭"（the family）的历史并从中汲取养分。伴侣物种、家庭组织机制的有效性证据可以在简短的叙事分析中找到。领养成功的故事经常把兄弟姐妹和其他多物种亲属称作妈妈、爸爸、姐妹、兄弟、阿姨、叔叔、表兄弟姐妹、教父等。纯种犬的领养故事也是如此，这些领养／拥有过程涉及许多相同的文书和社会工具，然后才能获得养狗资格。从故事中读出所指的物种几乎是不可能的，而且通常无关紧要。宠物鸟是新狗的姐妹，人类的小弟弟和年老的猫阿姨都被表现为与家里作为妈妈和／或爸爸的人类成年人有亲属关系。异性别（Heterosexuality）并不重要，重要的是异物种（heterospecificity）。

我拒绝被称作我的狗的"妈妈"，因为我担心成年犬的婴儿化，也担心我想要狗而不是婴儿这一重要事实被误解。我的多物种家庭与代孕和替代品无关。我们正在尝试以其他的修辞、其他的"词形变异"来生活。我们需要其他的名词和代词来指代伴侣物种的亲缘类型，就像我们过去对性别的光谱所做的一样（现在还在这样做）。除了在派对邀请函或哲学讨论中，"意义重大的他者"并不适用于人类的性伴侣；而在狗的世界里，这个词也无法更好地表达拼凑在一起的亲属关系的日常含义。

但也许我太担心言辞了。我不得不承认，目前尚不清楚，美国的狗世界使用的传统亲属习语是否较多地涉及年龄、物种或生物生殖状态（除了要求大多数非人类不育）。基因不是重点，这无疑让人松了一口气。重点是伴侣物种的形成。无论好坏，一切都在家庭中，直到死亡将我们分开。这是一个在继承历史的怪物肚子里组成的家庭，对于这些继承的历史，必须栖居其中才能改变。我一直都知道，如果我怀孕了，我希望我子宫里的生物是另一个物种的一员。也许，这就是一般情况。追求在意义重大的他性中为自己找到一个类别的，并不只有参与或未参与跨国领养之路的杂种狗。

我渴望在狗的世界进行多得多的反思，思考继承多物种的极其复杂的遗产意味着什么，这份遗产跨越了伴侣物种的进化的、个体的和历史的时间尺度。每个登记品种（其实是每只狗）都沉浸在实践和故事中，这些实践和故事可以而且应该将爱狗人士与活劳动、阶级形态、性别和性的阐述、种族类别以及本地和全球其他层面的无数历史联系起来。地球上的大多数狗都不是制度化品种的成员。土狗以及农村和城市的野狗对于与它们一道生活的人们来说都有着自己的指示意义的他性，而不仅仅是对我这样的人。"发达国家"中的杂种狗或所谓"胡乱繁殖"的狗也并非如同那些在不再繁荣的经济和生态中出现的功能性种类的狗。波多黎各流浪狗被称为"流浪杂种狗"，由于极度复杂和重大的历史，成为马萨诸塞州"永远的家"的成员。在当前的自然文化中，品种可能是延续有用犬种（很多狗来自这些犬种）的必要手段，尽管存在严重缺陷。目前的美国牧场主更害怕来自旧金山或丹佛的房地产开发商，而不是害怕狼，无论他们距离公园是远是近；他们害怕的也不是美洲原住民，无论他们在法庭上有多么厉害。

在我自己个人历史的自然文化中，我凭借肉体深知，主要由白人中产阶级组成的、大白熊犬和澳大利亚牧羊犬的世界中的人们有一项尚未明确表述的责任，那就是参与重新构想草原生态和生活方式，这些草原生态和生活方式在很大程度上正是被需要这些狗工作的牧场实践破坏了。通过他们的狗，像我这样的人与原住民主权权利、牧场在经济和生态上的生存、肉类工业复合体的激进改革、种族正义、战争和迁移的后果，以及技术文化的制度紧密相连。用海伦·韦兰的话说，这是关于"和睦相处"的事。当"纯种""小辣椒""混种"罗兰和我接触时，我们的肉体体现了那些使我们成为可能的狗和人之间的联系。当我抚摸我的友邻（landmate）苏珊·考迪尔那只性感的大白熊犬威廉时，我也触摸到了迁徙的加拿大灰狼、高昂的斯洛伐克熊、国际恢复生态学，以及狗展和多国畜牧经济。除了作为整体的狗，我们还需要整个遗产，毕竟，这是使整个伴侣物种成为可能的东西。并不奇怪，所有这些整体都是片面连接的"非欧几里得纽结"（non-Euclidean knots）。在不假装天真的情况下栖居于那份遗产中，我们或许可以期待游戏带来的创造之恩典。

摘自《一位体育作家女儿的笔记》（2000 年 6 月）：

"小辣椒小姐"终于展现了她真正的物种存在（species being）。[1] 她就像处于发情期的克林贡（Klingon）女性。[2] 你可能不怎么看电视或像我一样是《星际迷航》（*Star Trek*）宇宙的"粉丝"，但我敢打赌，关于克林贡女性是令人敬畏的性生物、她们的口味极其凶猛的消息已经传遍了联邦星球上的每个人。我们土地上的那只大白熊犬，也就是那只"完好无损"的 20 个月大的威廉，他和"辣椒小姐"还都是幼崽时就成了彼此的玩伴，那时才四个月大。"辣椒小姐"六个半月大的时候绝育了。她总是欢快地向下拱到威廉柔软诱人的臀部，从他的头部开始，鼻子对准他的尾巴，而他则躺在地上试图咬她的腿或舔一闪而过的生殖器部位。不过，当我们逗留于阵亡将士纪念日周末的希尔兹堡（Healdsburg）期间，用温和的话讲，事情变得

---

① 这里挪用了费尔巴哈和青年马克思的说法，通常被翻译为"类存在"。
② 克林贡人是《星际迷航》宇宙中虚构的一个好战外星民族。

激烈起来。威廉是一个性兴奋的、温柔的、完全没有经验的青春期男性灵魂。"小辣椒"的体内没有发情激素（但我们不要忘记，她完全具备的肾上腺皮质会分泌所谓雄性激素，这些激素在激发哺乳动物的雄性和雌性欲望方面功不可没）。不过，她和威廉在一起的时候是个兴奋的小母狗，他也**很有兴趣**。她不会和其他狗做这种事，无论对方是否"完好无损"。它们的性游戏与功能性的异性交配行为没有任何关系——威廉没有试图"趴上去"，她没有展示诱人的雌性臀部，没有过多地嗅闻生殖器，没有嚎叫和踱来踱去，没有任何生殖行为。不，在这里我们看到的是纯粹的多态性变态（polymorphous perversity），这让我们这些在 20 世纪 60 年代阅读诺曼·O. 布朗（Norman O. Brown）作品长大的人备感亲切。

体重 110 磅的威廉躺在地上，双目炯炯有神。"小辣椒"重 35 磅，看起来非常疯狂，她把自己的生殖器跨坐在他的头顶上，鼻子对着他的尾巴，用力向下，使劲摆动屁股。我是说，又快又用力。他拼命用舌头去舔她的生殖器，这不可避免地会把她从他的头顶上弄下来。这看起来有点像牛仔竞技，她骑着一匹野马，并尽可能长时间地停留在上面。他们在这场游戏中的目标略有不同，但都致力于这项活动。在我看来，这肯定是"爱欲"（*eros*）。这绝对不是"无条件的爱"（*agape*）。它们这样持续了大约三分钟，其他活动都被抛诸脑后。然后他们又继续玩了一轮又一轮。无论苏珊和我的笑声是喧闹还是低调，都不值得他们注意。"小辣椒"在活动中龇牙咧嘴，像个克林贡女人一样咆哮。还记得《星际迷航：重返地球》（*Star Trek: Voyager*）中的半克林贡人贝拉娜·托里斯（B'Elanna Torres）多少次把她的人类情人汤姆·帕里斯（Tom Paris）送进医务室（sickbay）吗？"小辣椒"正在玩耍，但天呐，这是怎样的一个游戏。威廉诚心诚意地全神贯注着。他不是克林贡人，而是我们这一代女权主义者所说的体贴情人。

它们的青春和活力嘲弄着生殖异性恋霸权，也嘲弄着提倡禁欲的性腺切除术。我曾写过多本名声不佳的书，讲的是我们西方人类如何肆无忌惮地把自己的社会秩序和欲望投射到动物身上。我应该比任何人更加清楚，我不该在我那只已绝育的澳大利亚"劲犬"和苏珊那只天赋异禀、有着肥大而松软、天鹅绒般舌头的"景观护卫犬"身上寻求诺曼·O.布朗《爱的躯体》(Love's Body)的确证。不过,正在发生的还可能是什么呢?提示:这不是一场取物或追逐的游戏。

不,这是本体论的编舞,这是一种至关重要的游戏,参与者从他们继承的身体和心灵的历史中发明创造出来,并将其重新加工成使他们成为自己的肉体性动词。他们发明了这个游戏;这个游戏重塑了他们。"词形变异"又来了。总是要回到重要词语的生物学气质上。在有朽的自然文化中,词语变成了肉体。

代后记

张　寅

从《赛博格宣言》(1985) 到《伴侣物种宣言》(2003)，哈拉维似乎在某种意义上是倒退的：原本的未来感、科技感消散了，代之以对狗的源远流长的驯化，仿佛与古希腊的色诺芬关于用狗狩猎的论著《论狩猎》(*Cynegeticus*) 属于同样的主题；原本《赛博格宣言》甚至不屑于具体地揭露和控诉规训，而是断定这种权力形式已经陈旧了，但这种轻视、嘲讽后来居然转变成对规训的一定程度的接纳；原本与人类的生物肉体拉开距离的赛博格自然意味着对性的重新塑造、意味着颠覆形形色色的号称"自然"的性观念，而狗或类似物种的肉体当然是生物性的，极其广泛的绝育手术更是无以复加地印证了这一点；更惊悚地讲，几十年来在流行文化中常见的赛博格既可能是乖巧的仆从，又可能以绝对的优势碾压人类——不少作品有力地表明，这两个极端是对立同一的——狗则丧失了那种致命的威胁，只能造成一些至多在本地新闻中传播的完全可控的风险。简言之，一种连表皮的温度都可能冰冷的感受似乎倒退成了一种毛茸茸的感受，或者不如说是毛茸茸的诱惑。难道对这类可爱东西的迷恋不是一种自恋的投射（narcissistic projection），不是把它们扭曲成以满足人类的（变态）欲望为目的的存在吗？

鉴于此，这里将依照一种关于思想和历史发展的经典见解，首先在第一节说明两部宣言的共同之处，然后在第二节分析哈拉维在近 20 年后为什么不是庸俗地随着年长而变得"现实"了，而是以重视历史的方式变得越发现实了，最后在第三节考察《伴侣物种宣言》的根本信念，不论这一信念是被当作思想的（自行）局限、缺乏力量的希望或理想，还是被当作对包括但不限于人类的诸世界而言的一种可能性和必要性。

1. "他们"，抑或"它们"

不论是《赛博格宣言》所关注的技术科学（technoscience）还是《伴侣物种宣言》所关注的狗，都决定性地有别于通常被奉为万物之灵的人类。要对哈拉维式的非人道主义有基本的把握，就要理解人为什么在思想史中通常会被赋予特权，以及这样的做法为什么走向了没落。因此，不妨先简要地叙述这种特权的一个核心问题，即人作为责任主体的问题。

家庭、企业和国家大概自起源以来，就要求确立责任的主体，要求他掌控权力、承担后果，包括极端的后果。古今无数伦理、政治和宗教思想在永恒的彼此交战中论述了各自关于责任主体的观点，而这往往伴随着两个转折：第一，我既要为某个权力和责任的主体辩护，又要宣称某些问题——或许是越来越多的问题——并不能由他负责，而要推给别人或别的原因；第二，我明智地看到了一切权力都可能腐化，因而需要探索若干种不断发掘出新一代责任主体的暴力或非暴力的方式。也许可以把所有这些争论不休的实践思想统称为围绕某个"他"的思想："他"应该是怎样的人（或神），可能如何变质和重建。在当今的流行文化中，这类思想的许多通俗展开完全可以在美式的英雄传说中见到，不论这些英雄中有多少女性等。

少数人既在这一思想传统之内，又洞察到了它（在现代）的无可避免的崩坏。这种崩坏当然不是指上述腐化与维新的循环，而是说确立责任主体的整个企图引起了相当程度的怀疑、绝望。海德格尔准确地把这一点表述为"他们"（das Man，或译"常人"）的问题：当人们在很多情况下援引"他们"时——"他们说，……""他们认为，……"，也包括"按照常识，……""正常人都懂得，……"——这里作为主语或主体的"他们"根本不是任何可以被指明的对象，即并不能落实为一组特定的个人，而是虚设的、莫名的。不仅如此，人们在这种意义上援引"他们"并不是出于认知的错误、混乱，而是有意的；"他们"被提到、被召唤了，却不可能应答，而这正是召唤者想要的情形，也是"他们"存在的理由。应该注意到，不论对于来自拉丁语的 responsibility，还是对于来自日耳曼语的 Verantwortung，"应答"（respond/antworten）都是"责任"的题中应有之义。也就是说，对"他们"的援引甚至不是为了把责任推给别人，而是为了借助这种没有实存的主体来免除一切人的责任。海德格尔（与不少误读相反）完全没有把这种通过无法应答来帮人们解脱责任的"他们"视为某种应当努力克服的弊端，而是把这种虚设确认为世界的一个本质方面或不可缺少的方面，从而是必须接受的。反感这种虚设的人不难考虑到，自己恐怕也没有对这种做法扔石头的资格。因此，围绕"他"的思想在根本上是不足的，人们必定还需要大量地借助"他们"；虽然这种对应答、对责任的逃避多半会被看成是可耻的，但这有用。

这种对崩坏的洞察和接受可以说预先批判了许多后来的"批判"理论。这些理论厌恶莫名的"他们"，试图"建设性"地提出某种新的"他""她"之类，或者在更多的时候试图把复数的"他们""她们"阐述为可以指明的一组（"正常"）个人的所谓主体间性。也就是说，这些"批判"理论恰好以新的面目延续、扩展了围绕"他"的传统思想。然而，至今似乎并没有哪种"建设性"的方案有办法改变莫名的"他们"经常被援引的状况，甚至未必明白这一状况对责任问题、主体问题的重大挑战。

真正的批判必须觉察到这里的人道主义错觉：不仅传统思想着眼于某个"他"，即某个（神化的或崇高化的）人，而且这一传统的崩坏，即海德格尔式的"他们"依旧是以人的名义表达的，即便这是没有实存的人。甚至不如说，自称反对人道主义的海德格尔在完全认识到了"他们"并没有实存的情况下，却还是采用了人的名义，这恰好极致地展现了人道主义的力量。仿佛当被认定为有担当的"他"无可挽回地衰落时，赶来救场的"他们"还是为人的名义保存了一点颜面。正是通过与人道主义的决裂——通过一种切断关联的关联——哈拉维才能真正批判地思考赛博格和伴侣物种。

第一，不论对于赛博格的制造和维护，还是对于包括人在内的诸伴侣物种的演化和共存，这些事物的存在方式都明确地呈现为人和人以外的一大堆元素共同作用的结果，而把人专门确立为权力和责任的主体是荒谬的（第三节会讲到哈拉维如何重提责任的概念），或者说人在作为一大堆元素的"它们"中间只有一定的特性，而没有什么特权。这完全不同于关于制造机器、饲养动物的传统观点，也与当前关于 AI 创作、AI 驾驶等问题的主流讨论（即归因于谁、归咎于谁）格格不入。用最简单的例子来讲，此刻的我是刚才所吃的食物、内脏的各种运转、所呼吸的空气、所操作的设备等的共同产物（当然，哈拉维会加上她与狗的亲密接触），以为我能够、应当掌控这一切只是一种变态的父权幻想。更底层地讲，作为一大堆元素的"它们"不是被当作可以分离开来、孤立起来、从彼此的关联中抽象出来的东西，而是被当作仅仅在关联的发生中才存在的东西；"它们"如何发生关联，"它们"就是怎样。由此，人不过是万千关联中的一方，也同样会随着关联的发生、变迁、解散而变化，而不是某种在其他一切事物的变幻中俨然保持固定性质的主体。这样一种关联的存在论也意味着技术科学的发展与生物的演化在原则上并不需要分割开来，因而哈拉维的两部宣言与其说是以博学的、炫耀的方式跨越了不同的学科，不如说是在原则上立足于这种分割和跨越的不必要性。

第二，在常见的等级观念中，如果说今天的很多人不大敢声称"他们"高于"她们"，那么声称"它们"比较低级的胆量还是很大的。这样的主张一般诉诸手段或工具与目的的范畴：从远古的石刀到赛博格、从最早的工作犬到宠物犬据说归根到底都是手段或工具，理应服务于由人提出和辩护的目的，包括经济价值、情绪价值等。当代常见的工具理性批判可以说无以复加地巩固了这些范畴。当然，流行文化已经大量描绘了赛博格倒反天罡的情形，以致近来不少对 AI 的谈论显得是在重温老电影。由于取消了人在关联中的特权，哈拉维在两部宣言中一贯地反对这种把"它们"当作手段的立场，以致她所用的"拥抱"（embrace）一词有必要以完全单纯的字面含义来理解：当你拥抱技术科学或狗时，你实践地——即不管是否具备理论的认识和论证——证明了"它们"不是什么手段，或者说证明了手段与目的的范畴对你和"它们"并没有效力。人与技术科学共同发展、与伴侣物种共同生存，仅此而已。

这种拒绝把技术科学或狗看作手段的非人道主义也摆脱了人道主义的辩证法：人们有时赞美技术科学促进了普遍的幸福，有时则担忧它的恐怖统治；有时喜爱毛茸茸的或光秃秃的伴侣物种，有时则抵制所谓动物权利的滥用。所有这些对立同一不过是手段与目的的范畴必定导致的结果，或者说当"它们"被贬低为手段时，这种粗暴的贬低难免反过来引发关于"它们"的变态幻想。

　　第三，当人道主义致力于守护人与非人的重大界线时（应该注意到，动物权利的主张至多是对这一界线的挪动，而没有改变它的刚性），哈拉维完全正确地看到了这种守护界线的思维不仅可以在其他许多主题中应用，而且根本就是为了这类"衍生"的应用而存在的。例如，上述关于"它们"既被贬低为手段，又引起变态幻想的情形显然不仅适用于非人，而且适用于无产者、女性、性少数、有色人种、欠发达地区等；不仅如此，这样的用法在现实中强有力地表明，人道主义从一开始就是为此而存在的，是为了悖论性地以人类的普遍名义损害不论数量多寡的一部分人而存在的，或者说人与非人的重大区别从头到尾都只是一种貌似学究气的幌子。同样，被认定为责任主体的"他"如今也时常体现为女性，但这究竟对广泛的女性利益有多少帮助，却随着那些女性的成功而造成了越来越多的怀疑。因此，如果说进步主义的观点以为，人道主义目前尚未成功、应当继续努力，那么也许真正对人类有利的做法是反过来的，正如哈拉维所坚持的那样：为了消灭人类内部的歧视和压迫的界线，必须同时消灭人道主义所守护的人与非人的界线，必须成为赛博格，与伴侣物种互相拥抱。这也意味着哈拉维的女性主义、反殖民主义并不接近于市面上更加流行的诸多进步主义的品牌。

　　2. 故事：取自意识形态，抑或历史

　　哈拉维从不掩饰自己的写作具有鲜明的故事性，但是前提当然是拒斥那种对故事的仿佛天经地义的轻蔑，仿佛它只是为了供人消遣、教育儿童、刺激报刊的销量或网络媒体的流量。现在许多人已经知道，history 与 story 就其古希腊的，以及之后的拉丁的词源而言并没有分别，以致所谓的 her-story 与其说凸显了某种差别、歧见，不如说通过一种字面上醒目的差别反倒提示出这三个词在根本上并无区别的真相。这种无分别性绝不意味着随便怎么讲故事都行的相对主义，而是说对严格性、思想性、真理性的要求是内在于故事的，而非指向某种据说更加高级的写作。因此，倘若《伴侣物种宣言》的确在值得思考的意义上变得比《赛博格宣言》更加现实，这就意味着讲故事的方式发生了重要的变化。或许最关键的变化是故事素材的来源：比起以当时的意识形态话语为来源的《赛博格宣言》，以历史记载为来源的《伴侣物种宣言》可以说前进了一步。

《赛博格宣言》在当年显然具有时尚、先锋的外表：在个人电脑尚未大规模应用、电子设备的小型化和节能化（从而便于安装在人或其他生物身上）可以说刚刚起步的年代，哈拉维就已经展开了内容丰富的想象。然而，她在1991年的《类人猿、赛博格和女人》（*Simian, Cyborgs, and Women*）中又以一种似乎是自我辩护的方式认为，人们即便只是普通地操作电脑等技术科学的产物，也足以算作赛博格了，因为它们对于人们的社会存在和政治活动逐渐变得不可或缺了。这样看来，目前的绝大多数地区已经赛博格化很久了。可是这里的想象与现实之间有更多的张力。倘若原先的想象真的仅仅现实化为那些普通的场景，那么这一论证要如何成立？这里的经典例子永远是资产阶级革命：1789年的法国革命对自由、平等、博爱（或兄弟情谊）的超越世俗的想象，最终在19世纪实现为平庸的、逐利的、逐渐累积新的阶级矛盾的资产阶级立宪君主国或共和国，但这的确是对革命理念的实现，而非违背。简言之，要主张平淡的场景不是背离了，而是实现了非凡的想象，就离不开资产阶级革命的往事。但假如哈拉维满足于此，那么从单纯人身的角度讲，她就不大会被视为对当代文艺有巨大影响的思想家了，毕竟当代文艺中的赛博格很少是上述平淡的形象，或者说这类形象远远无法耗尽原先对赛博格的展望。也就是说，不仅在90年代，而且可能在今天和短期内的将来，《赛博格宣言》的想象所包含的冲击力仍然不是现实可以承受的。

面对想象与现实的差距，常见的办法不外乎要么随着"成长"而放弃想象，要么让想象引领现实上升，但是其实还有一种可能：想象的来源本身决定了它对现实的诱惑必须保持在一种不能完全实现的水平上，因而需要做的绝不是放弃想象，而是进展到对这些来源的批判。例如黑格尔早已明白，柏拉图《理想国》的局限并不在于它过于理想，而在于它大量取材于当时的某些希腊城邦的状况。就赛博格而言，当年最反动的来源无疑是美国政府和军队的冷战宣传（如星球大战计划）和受此影响的流行文化；最"正常"的来源是哈拉维多处引用的商业宣传，从跨国公司的标语、营销话术到一些如今看来十分蠢萌的电子产品；最激进的来源则是欠发达地区的赛博格工人以无比剧烈的方式——毕竟人体得到了某种"升级"——遭受压榨的可能性。这一切具有一个共同的特征：它们与当时的多种不同立场的意识形态密切相关，或者说哈拉维对赛博格的想象明确地吸收和参与了当时的意识形态争论。这些意识形态的来源各自都有充足的理由让自己所描述的赛博格显得超出现实，政府、军队和企业为了霸权和名利是如此，批判的、严峻的反乌托邦预言为了道义也是如此。在接下来的几十年，这些来源还提供了更多关于赛博格的话语，从基调上似乎与当年并没有很大区别。因此，哈拉维笔下的赛博格和同样被这些来源影响的作品也许注定总是处在高于现实的位置。

相反，《伴侣物种宣言》的故事取材于实际的历史记载，包括（半）专业的著作、网上交流的记录，以及哈拉维的私人交往。许多内容仿佛变得生硬了，因为它们就是那样发生的，不能随便更改、丢弃（disown）。戏剧性的矛盾减少了，史诗般的流淌则增加了，因为现实中的矛盾本来就很少造成剧烈的冲突或高潮，而是更多地在时间中尘封、消解，变得面目全非，以无可预料的方式被后世继承。难以评判的困境也出现了，比如"纯种狗"在概念和培育过程中的争议、不同的犬类专家之间的分歧、狗同其他与人类比较疏远的动物之间的争斗，等等。总之，取自历史的故事更倾向于使人陷入沉默，而不像取自意识形态的故事更倾向于使人兴奋或警惕、乐观或悲观。用哲学家的表达方式讲，取自历史的故事可能最初看来讲的是"what it is""how it is"之类（比如介绍大白熊犬，或者介绍某个物种的迁徙），却逐渐暴露出自己的真相：它讲的不过是"that it is"，即事情就是如此。在真实的历史故事中，额外的评述、情绪是毫无必要的，因为内容已经得到了充分的展示，任何评述都只是引用某些内容罢了。沉默不过是额外的评述或情绪消退时的外表。

对于哈拉维，伴侣物种之间的真正感情正是在"事情就是如此"的过程中才发展起来的。她强烈反对毛茸茸的诱惑，反对把伴侣物种幼儿化，也反对居高临下地为某些物种授予动物权利，尽管在这些情形中人类一方的情绪多半更加充实。"正常人都懂得"，各种意义上的工人利益、女性利益，或欠发达地区的状况在流行媒体上的哪怕最低限度的存在感都不是由谁授予的，而是自己用可能合法或非法的手段争取的，但狗并没有争取权利的概念，也不知道在决定性的时机采取非法手段是什么意思。能够勉强形容人与狗之间关系的词汇或许是关注、倾听、尊重，或者更一般地讲，是一些能够被跨物种地理解为与身体的姿态、身体的沟通密切相关的词汇，而不是权利等法理和政治的词汇——这里应该复读马克思：法理和政治具有意识形态的形式。这里当然并不缺少各种误解、错位，更不用避讳偶尔发生的身体伤害和对某些狗所做的严厉处理。只不过很明显，这些同样是"事情就是如此"的一部分，即真实的历史故事的一部分。因此，与伴侣物种的爱既不是在幻想中把它们"上升"为人之后产生的爱，又不是通过对历史记载的筛选、通过对所谓的好事与坏事的裁剪来编造的爱，而是由彼此的个别身体的全部历程来盖章担保的爱。

这使得规训的问题以一种棘手的方式浮现出来，哈拉维本人似乎并没有完全承认这种棘手的性质。她明确地认识到，上述人与狗的爱绝不是在随意的、轻松的互动中产生的，而是在一系列严格的、已经有大量研究的实践中建立的；可以说不少云养狗的人既想要轻松，又想要爱的感觉。这样的实践不能不被称作规训。也就是说，倘若去除了人与狗的一同规训，那么彼此的爱很可能不过是人的单方面宣称；规训似乎成了破除这种单边性的有效办法。进一步讲，竞赛成了规训的一个自然的后果，而公认的竞赛规则必定反过来决定规训的方式，从而影响人与狗的日常互动。如果说在当代的社会批判中，一种庸俗化的（"小资产阶级"的）福柯主义或多或少正确地谴责了规训和与之相连的监控、竞赛、升学或升职等，那么它究竟是含混地展望一种去除规训的状况，还是犬儒地继续投身于这整个游戏？与这种庸俗化的倾向相反，哈拉维毫不隐讳地表明，她和其他一些人与各自的狗完全可以享受规训和竞赛，包括在某种意义上享受失败时的沮丧，只不过这一切无非是在发展与伴侣物种的感情而已。甚至监控也不再只是令人畏惧的东西：许多狗都有几代、几十代的血统记录，也在身上植入了身份认证的芯片，而这些并不能被直接断定为单纯正面或单纯负面的做法。总之，狗有力地提醒人们深入考虑规训问题在现实中的复杂性。

然而，狗能够做到这一点——不妨加上猫、兔子、鸡、鸭、鹅等——并不意味着这种对规训的重新思考有特别广泛的适用性。在人与绝大多数物种之间，可能漠不相干或简单的敌对才是难以避免的情况。于是，伴侣物种实际上倾向于限制在那些能够与人一同进行规训的物种当中，或者说规训的可行性成了伴侣物种的一个必要条件。可是每当与"我"相近的东西可以从某个角度被划定一个范围时，由笛卡尔开启的"我思故我在"都会幽灵般地以新的形式复活。这句名言在《伴侣物种宣言》中似乎终于进展到一个并非人道主义和理智主义的版本：我们一同接受规训、也彼此规训，所以我们相爱。哈拉维所给出的诸多历史故事似乎一直在印证这个全新版本的笛卡尔，而不是在批判地思考它。

3. "意义重大的他者"：概念，抑或原型

《伴侣物种宣言》反复强调了意义重大的他者、意义重大的他性，这本身当然不令人意外，因为许多立场或思路接近的人都会赞同这个说法。重要的是这个说法在哈拉维那里是如何展开、如何展示的。对这一点的考察将表明，虽然哈拉维完全具有运用概念的能力，但在这部宣言中，意义重大的他者主要是通过一种设立原型的思路来展示的。这里隐含了这部宣言的一个根本信念，它可能被看作一个弱点、一种寄托、一种希望和呼吁，或一种别无选择的必要性。

应该首先注意到一个思辨的机关，即意义重大或显著的性质具有外部反映 (external reflexion) 的问题：当我确认一个对象意义重大时，我已经采取了一种能够在它身上发现这种性质的视角、方法，因而最后的确认其实只是顺水推舟；而在我未能采取适当的视角、方法时，即便它实

际上意义重大，这一点也得不到确认。也就是说，尽管人们有时可以发现某些意义重大的他者，然后拿出真诚的尊重和爱，但是完全可能有多得多的意义重大的他者根本不被，也无法被看成是意义重大的。在最变态的情况下，越是遇到看似寻常的、平淡的事物，就越需要警觉：万一这正是意义重大的他者，只是我的眼光不对呢？万一全部事物都是意义重大的他者，只是我被自己的庸俗、无能所制约呢？显然，包括人在内的有朽者不可能简单地在认知的层面克服这个思辨的机关，因为人们假如总是能够顺利地指认意义重大的他者，可以说就不再是有朽者了。这个机关也不可能通过一般所说的善意、良知来解决；良知只会使人在一切寻常的事物面前陷入无止境的自我质疑和自我断罪。

《伴侣物种宣言》采取了一种似乎更有可操作性的思路：人们既然已经可以在狗身上体会到意义重大的他性，或许就可以学会更好地关注各个尺度上的意义重大的他性，由此让诸世界变得更加适合共同居住。换言之，只要意义重大的他性可以从人与狗的尺度拓展到其他尺度，人与狗的爱就不会仅仅被私人化，而是可以充当与他者之爱的一个原型（archetype）。对这一原型的设立似乎包含了一种精巧的技术：与另一个人，尤其是与亲友的关联可以说太近了，未能击穿物种的界线（毫不隐讳地讲，不能轻松地摆脱性和生殖的纠缠），因而可能不足以提示出意义重大的他性；与蜘蛛、洋流、陨石的关联则可以说太远了，很难在互动中培养感情。可见，哈拉维式的原型需要既保持足够的亲和力，同时又回应当代的激进要求。从原型出发，尽可能地走向其他尺度成了一种全新的权力和责任，尽管这种努力的成效是没有保障的。也就是说，抛弃了把某个"他"确立为责任主体的传统企图之后，责任被重新阐述为在一切尺度上贯彻原型（如人与狗的爱）的要求。

然而在思想史中，设立原型的思路是非常经典的，完全可以算作一种"主人的工具"。对柏拉图学园而言，几何学证明不过是理念的原型，学习前者是为了锻造研究后者所需的思维；对康德的道德哲学而言，其他动物的性欲据说是随意的、短暂的，而人类由于能够把性"提升"为长久的爱，这种长久性就为超越的道德法则奠定了基础；对黑格尔的国家理论而言，家庭中的爱和行业中的培训、协作、互助不仅是自身有价值的东西，而且构成了国家的两大支柱，即拥有"正常"家庭和"正常"职业的（男）人才能成为所谓的合理国家的合格公民。这些例子中的原型很容易被批评为过时的、错误的或保守的，但是问题在于：究竟设立原型的思路本身是中性的、无辜的，可以被从柏拉图到哈拉维的各种学者所采用，还是说这一思路实际上内在地具有保守的倾向？这个问题恐怕没有确切的结论。

与这种力求从原型出发进行拓展的信念相反，严格意义上的概念是不需要拓展的，因为概念应该可以在它能够运作的各个尺度上被直观到。《伴侣物种宣言》其实并不缺少与意义重大的他者相联系的概念：或然性（contingency）、偏斜（swerve）、片面联系（partial connection）等。意义重大的他者并不按照固定的规律运作，而是充满了具体情境（situation）中的或然性，否则它的他性就被吸纳到可以把握的规律中，从而不再是什么他性；如果这样的他者不是像蛇一样偏斜、曲折地行进，或者抽象地讲，如果一条行进的轨迹具有足够良好的可分析性（直线、圆锥曲线、正弦波等），那么意义重大的他性就在分析中被驱散了；意义重大的他者也不会把自己的力量全面地展现出来，或者说以耗尽的方式展现出来，而是始终在片面的联系中透露自己，因为被耗尽的他者相当于被完全顺畅地翻译为本土词的外来词，这时就连翻译的操作本身都会隐退，仿佛对外来词的翻译从来没有存在过一样。用非常简化的方式讲，意义重大的他性意味着"转角遇到爱"与"转角遇到鬼"的完全不确定的叠加：一旦可以确定将要遇到的是爱，或是鬼，就仍然是从自恋的好恶出发的，而没有充分肯定他性。总之在概念性的思维中，与亲友的片面联系、陨石的偏斜、蛛网的或然性等似乎都得到了直观的理解，伴侣物种则不再被突出地设立为原型了。然而，哈拉维对这些概念的谈论大概并不是这部宣言（以及《赛博格宣言》）最能打动人的内容。

不难发现，原型与概念的区别以复杂而纠结的方式影响了现实的批判和斗争。原型的可拓展性是否从一开始就是幻想性的，即它根本不是为了拓展到各个尺度而存在的，而是为了仅仅在少数尺度中发挥作用而存在的？概念性的思维究竟是过于不友好、因而无助于广泛的批判，还是说只有它才迫使批判超出通俗的水平，开始动摇现存状况？甚至就哈拉维较少地运用概念这一做法而言，还可以更加尖锐地质问，女性究竟需要或多或少地被迫表演传统偏见中所谓的不擅长概念的女性形象，或者以反讽的、嘲弄的方式表演这一形象，还是说应该连这种反讽的趣味都一并丢弃？探讨和回应这些疑问的不同方式很可能导致采取不同的批判和斗争策略。

无论如何，这样的疑问或许是真正具有建设性的东西，因为至少就体裁而言，任何宣言都不可能是一种系统论证的文本，引发疑问是它应有的力量。

除了哈拉维之外，本文还涉及：

柏拉图:《理想国》

笛卡尔:《谈谈方法》

康德:《人类历史揣测的开端》

黑格尔:《逻辑学》《法哲学原理》《哲学史讲演录》(第一卷)

马克思:《博士论文》《路易·波拿巴的雾月十八日》

海德格尔:《存在与时间》

2024 年 9 月

守望思想　　逐光启航

LUMINAIRE

光启

伴侣物种宣言

[美] 唐娜·哈拉维　著

陈荣钢　译

丛书主编　谢　晶　张　寅　尹　洁
责任编辑　张婧易
营销编辑　池　淼　赵宇迪
装帧设计　崔晓晋

出版 : 上海光启书局有限公司
地址 : 上海市闵行区号景路 159 弄 C 座 2 楼 201 室　201101
发行 : 上海人民出版社发行中心
印刷 : 山东临沂新华印刷物流集团有限责任公司
制版 : 南京展望文化发展有限公司

开本 : 850mm×1168mm　1/32
印张 : 5.5　字数 : 96,000　插页 : 2
2025 年 1 月第 1 版　2025 年 1 月第 1 次印刷
定价 : 65.00 元
ISBN : 978 - 7 - 5452 - 2019 - 3 / B · 6

图书在版编目 (CIP) 数据

伴侣物种宣言 / (美) 唐娜·哈拉维著 ; 陈荣钢译 .
上海 : 光启书局, 2024. -- ISBN 978 - 7 - 5452 - 2019 - 3

Ⅰ. B82 - 069

中国国家版本馆 CIP 数据核字第 2024LC5729 号

本书如有印装错误, 请致电本社更换 021-53202430